直升机结构修理

贾　珂　于领军　主　编
邱求元　罗朝明　副主编

航空工业出版社
北　京

内 容 提 要

本书立足国产常见型号直升机的修理手册和标准工艺手册，面向航空修理一线工作人员，主要介绍直升机各类结构修理的基本方法，旨在让一线修理人员在明确各类结构不同损伤修理方法的同时，掌握修理操作的具体操作流程。本书在介绍直升机结构形式、航空维修基础知识、修理基本原则等基本概念的基础上，区分构成直升机结构的不同材料，分别介绍了其典型损伤的修理方法，并列举出该修理方法在具体机型上的应用实例。本书共7章，分别是概述、直升机接收与检查、直升机金属材料结构修理、直升机复合材料结构修理、直升机密封结构修理、直升机有机玻璃修理、其他附属结构修理。

本书可供直升机结构修理的从业人员和航空职业技术类院校修理专业学生使用，也可作为相关专业教师的教学参考书。

图书在版编目（CIP）数据

直升机结构修理 / 贾珂，于领军主编 . --北京：

航空工业出版社，2023.5

ISBN 978-7-5165-3348-2

Ⅰ．①直… Ⅱ．①贾… ②于… Ⅲ．①直升机-维修

-教材 Ⅳ．①V275

中国国家版本馆 CIP 数据核字（2023）第 072707 号

直升机结构修理

Zhishengji Jiegou Xiuli

航空工业出版社出版发行

（北京市朝阳区京顺路 5 号曙光大厦 C 座四层 100028）

发行部电话：010-85672666 010-85672683

北京天恒嘉业印刷有限公司印刷 全国各地新华书店经售

2023 年 5 月第 1 版 2023 年 5 月第 1 次印刷

开本：787×1092 1/16 字数：265 千字

印张：12 定价：78.00 元

编写人员

主　　编　贾　珂　于领军

副　主　编　邱求元　罗朝明

参编人员　周景刚　王跃然　房　琳　姚　波

　　　　　　孟祥韬　甘　露　牛鹏辉　王景帅

　　　　　　王丽博　宋祖望　刘　洋　许国杰

前　　言

　　直升机的飞行高度较低，在战时容易遭受地面轻武器的攻击而造成机体结构的损伤；在和平时期的飞行和训练中，也可能由于操作、维护不当，或其他突发状况，造成机体结构的变形、穿孔、断裂、裂纹等形式的损伤。由于直升机在飞行时载荷、振动均较大，即便是微小的结构性损伤，也有可能导致直升机在飞行时发生解体、坠落、迫降等安全事故，进而造成巨额财产损失和人员伤亡。因此，对直升机机体结构的损伤，一定要做到早发现、早处理，避免因小失大，造成不可挽回的损失。

　　本书立足国产常见型号直升机的修理手册和标准工艺手册，面向航空修理一线工作人员，主要介绍直升机各类结构修理的基本方法，旨在让一线修理人员在明确各类结构不同损伤的修理方法的同时，掌握修理操作的具体操作流程。本书在介绍直升机结构形式、航空维修基础知识、修理基本原则等基本概念的基础上，区分构成直升机结构的不同材料，分别介绍了其典型损伤的修理方法，并列举出该修理方法在具体机型上的应用实例。本教材共 7 章，分别是概述、直升机接收与检查、直升机金属材料结构修理、直升机复合材料结构修理、直升机密封结构修理、直升机有机玻璃修理、其他附属结构修理。

　　参加本书编写的人员有：陆军航空兵学院贾珂、于领军、邱求元、罗朝明、周景刚、王跃然、房琳、姚波、孟祥韬、甘露、牛鹏辉、王景帅、王丽博、宋祖望、刘洋，中国人民解放军 31245 部队许国杰。

　　本书编者在编写过程中得到了所在单位的大力支持，在此表示深切的谢意。

　　由于编者的水平和实践经验有限，书中若有错漏和不妥之处，恳请读者批评指正。

目　　录

1

第1章 概　　述

1.1　直升机机体结构

1.1.1　直升机机体结构的功用

直升机是一种重于空气的飞行器，它依靠发动机驱动旋翼旋转产生升力而飞行。直升机不仅可以垂直起落、升降，而且还能前飞、后飞和左、右侧飞；在一定高度以下，它还能悬停于空中。

直升机机体结构用来支持和固定直升机其他部件、系统，把它们连接成一个整体，并用来装载人员、物资和设备，使直升机满足既定的技术要求。因此，机体结构具有承载和传力的作用，直升机其他系统和部件、所载人员和货物等所产生的各种载荷，主要是通过连接接头以集中载荷的形式作用在机体结构上，并通过机体构件把这些力和力矩分散传递到各个部位，最终使机体各个部位上的力和力矩均获得平衡。在使用过程中，直升机机体除承受各种装载传来的静载荷外，还承受动部件（旋翼、尾桨、发动机等）、武器发射和货物吊装传来的动载荷。这些载荷也是通过连接接头传来的。为了装卸货物及安装设备，机身上要设计很多舱门和开口，这样就使得机体结构复杂化。从这个角度来看，直升机机体结构将组成直升机的各系统（动力系统、传动系统、燃油系统、滑油系统等）连接成为一个整体，它是直升机实现其自身技术指标的基础，没有机体结构，直升机其他各系统将成为"空中楼阁"，无处安放。

此外，机体结构又是直接承受和产生部分空气动力的重要部件，并构成直升机的气动外形。机体虽然不能像旋翼那样直接产生升力，但具有良好气动外形的机体，除能保证机上装载的人员、物资在飞行中免受气流作用外，还可以减小直升机的迎风阻力，提高飞行性能，改善直升机的稳定性和操纵性。图1-1所示为某型直升机的机身分段图。

综上所述，机体的功用涉及乘载、气动、承力和传力等各个方面，因此在设计过程中也有其相应的要求。

1.1.2　直升机机体结构的设计要求

（1）维护和使用方面的要求

机身内部供驾驶员和乘员乘坐的驾驶舱和客舱要有一定的容积，并保证必要的工作条件，能使驾驶员和乘员感到舒适。驾驶员要有开阔的视野，以便安全准确地驾驶

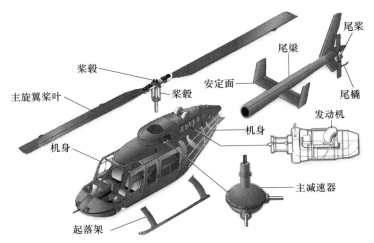

图 1-1　某型直升机机身分段图

直升机。乘员也要有一定的视野，以减轻飞行中的疲劳。因此，驾驶舱设置有大面积的风挡玻璃窗，客舱两侧也要设置一定数量的窗口。驾驶舱和客舱一般要求具有通风、加温、隔声、隔热、防水和排水设施。有的直升机客舱部分玻璃可以滑动，以便给座舱通风和降温；有的直升机从发动机进气装置向座舱内引进热空气，用于冬季飞行时为座舱加温，座舱内通常使用隔声、隔热材料。对容易进水和积水的部位，如舱门、开口等，采取密封措施，并设有流水槽和排水孔等。

为了保证进出和装卸货物方便，机身上设有舱门，并布置有适当的踏板和扶手，此外，机身上还有舱门应急抛放装置和应急舱口。为了便于维护、检查和更换机身内部要装的系统附件和设备，在机身的相应部位设有能快速打开的口盖。

（2）强度、刚度和重量[①]方面的要求

机身结构承受来自旋翼、尾桨、动力装置、传动系统、操纵系统、起落装置等所有部件和货物的各种载荷。因此，要保证上述各部件的正常工作和使用时的安全可靠，就必须保证机身结构在任何允许使用的情况下，具有足够的强度和刚度。但是强度和刚度并非越大越好，因为增大强度不可避免地引起结构重量的增加，在发动机功率一定的情况下，机身重量的增加会影响直升机的飞行性能，减少有效载荷。因此，在满足机身具有足够的强度和刚度的前提下，尽可能减轻直升机的机身结构重量，是机身设计的一个重要原则。减轻机身结构重量，要求机身结构的承力形式要合理，各主要承力部件的布置要恰当。在合理的强度、刚度设计准则的指导下，正确选择每个结构件的材料、承力方式和剖面形状，缩短结构的传力路线，结构重量就会减轻。

（3）空气动力方面的要求

机身是一气动力体，在大速度飞行时，直升机消耗在废阻上的功率占总功率的40%以上，而其中所占比例最大的是机身。利用风洞试验，合理选择好机身外形，在

①本书"重量"均为"质量（mass）"概念，法定单位为 kg。

突变的机身部位加装整流罩，并保持机身表面部分的光滑度，可以有效减小机身的废阻，提高直升机的飞行性能。

（4）结构动力学方面的要求

直升机在工作过程中，旋翼、尾桨等部件产生的载荷均为交变载荷，这些载荷传给机身，必然会引起机身的振动，振动过大不仅影响直升机的使用性能，而且会使机身结构件产生疲劳。因此必须采取措施，减小机身的振动。由振动学知识可知，机身对旋翼、尾桨等产生激振力的响应取决于其固有频率，使其尽可能避开旋翼通过的主频率，可以减少振动。此外还应采取一些减振、吸振和隔振的措施。

（5）耐损性方面的要求

结构的耐损性是指耐弹击损伤能力和抗坠毁能力两方面。在机身结构上，应尽量保证机身被炮弹击中后，不至于引起空中起火、坠落和其他灾难性后果，以便提高乘员的生存力。提高直升机的耐弹击损伤能力，应使机身的承力结构适当分散，以免主要承力构件被击中后，引起整机的强度和刚度大幅度下降。当直升机因意外事故而坠落时，在规定的撞击条件下，要求机身结构能保持必要的可生存空间，不至于因结构的变形或塌陷而伤害乘员；同时所产生的过载应不超过人体的承受能力，并能避免坠毁后起火。在机身结构上通常采取的措施包括：

①在机身结构上通常利用起落架装置、机身结构、座椅、旋翼支持结构等组成能量吸收系统，使其在规定状态下能吸收直升机坠地撞击的全部能量，并保证乘员生存的空间。

②机身横截面形状对机身的受力和变形特性有本质的影响，圆弧形机身剖面自然地提供了抗内部毁坏曲面，可吸收坠毁能量。

③座舱地板由高强度的纵梁和上、下地板面组成，耐坠毁的龙骨架一直向前延伸到驾驶窗的前上方，组成耐坠毁结构，吸收撞击能量。

④机身底部壳体外蒙皮采用延伸率大、韧性好的材料制成，提供了最大限度抗坠毁的能力。

1.1.3　机身的结构形式

直升机机体结构通常由蒙皮、纵向构件和横向构件等组成。蒙皮用来构成机身的外形，承受局部空气动力载荷，以及参与抵抗机身的弯曲变形和扭转变形；纵向构件主要由梁和桁条组成，其作用主要是承受机身弯曲时所产生的拉力和压力；横向构件主要是隔框，用来保持机身横截面的形状，并承受局部的空气动力，有些主要加强框还要承受其他部件传来的集中载荷。

机身的结构形式主要有桁架式、桁梁式、桁条式和硬壳式四种，桁梁式和桁条式又统称为半硬壳式结构。它们各自的结构和受力特点如下：

（1）桁架式结构

桁架式结构的结构元件一般可分为缘条、立柱、横杆和斜立柱等，均用无缝钢管制成，相互之间的连接方式为焊接。在分段对接处，焊接有集中传力的对接接头。由于这种结构的各个杆件是以轴向力的形式来承受和传递外载荷的，因此在进行强度分析时，均可简化为节点铰接相连的桁架结构。图 1-2 所示为桁架式机身的结构示意图。

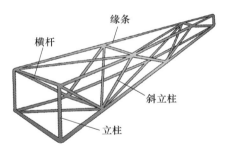

图 1-2 桁架式机身结构示意图

为了减小机身的阻力，在空间桁架的外面，固定有整形用的隔框、桁条和蒙皮，它们只承受局部气动力，不参与结构的总体受力。机身的弯矩、剪力和扭矩均由桁架承受。其中弯矩引起的轴向力由构架的四根缘条承受；垂直方向的剪力由构架两侧的立柱和斜立柱承受；水平方向的剪力由上、下平面内的立柱、斜立柱承受；机身的扭矩，则由四个平面桁架组成的立体结构承受。桁架式机身很难保证尺寸紧密配合，且由于蒙皮不参与受力，其抗弯性和抗扭刚度较差，空气动力性能不好，其内部空间也不易得到充分利用。但这种结构也有一大优势，即外场维修比较方便，只要不是严重性损伤和需要结构校准对中的，外场都可以修理。

桁架式机身结构的缺点对于小型直升机并不明显，因此小型低速直升机机身采用桁架式机身较多。例如，我国的"延安"2、法制"云雀"Ⅱ和美制贝尔-47等小型直升机的机身结构，均采用这种结构形式。

（2）桁梁式结构

桁梁式结构由隔框、大梁、桁条和蒙皮构成，其中大梁是主要承力构件，桁条数量少，蒙皮较薄。蒙皮与大梁、桁条铆在一起，成为一个受力的整体。

大梁承受绝大部分的弯矩。桁条和蒙皮构成的壁板较弱，受压易失稳，只能承受很少部分的弯矩，蒙皮承受剪力和扭矩，隔框用来保持机身的外形，其中加强框还承受各部件的集中载荷，并分散给蒙皮，因此加强框和蒙皮铆在一起，形成一个承载的整体。

这种结构形式的机身，由于桁条和蒙皮参与了整体受力，与桁架式机身相比，材料利用较合理，抗扭刚度较大，内部容积利用较充分。此外，这种结构的机身，由于载荷主要集中在大梁上，便于开大舱口。

（3）桁条式结构

桁条式机身（见图1-3）与桁梁式相比，没有大梁，蒙皮较厚，桁条较多较粗。机身的弯矩全部由蒙皮与桁条承受。其他受力与桁梁式机身相同。米-17直升机的尾梁采用了这种结构。

桁条式机身，由于蒙皮和桁条的增强，易于保持机身外形，改善了机身的空气动力性能，并增大了机身的抗扭刚度。总之，材料的利用更为合理。

此外，结构受弯，并不像桁梁式那样，集中于几根大梁，而是分散于蒙皮和桁条，故其生存力很强。但另一方面，正由于这一特点，机身不便于开大舱口。

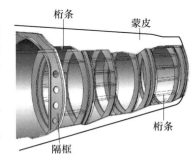

图 1-3 桁条式机身示意图

（4）硬壳式结构

硬壳式又称蒙皮式，这种机身结构没有纵向骨架（如桁条），只有刚度较大的蒙皮和横向隔框（见图 1-4）。蒙皮较厚，它是主要承力构件，除了以切应力的形式承受和传递剪力和扭矩外，还以正应力的形式承受和传递弯矩。

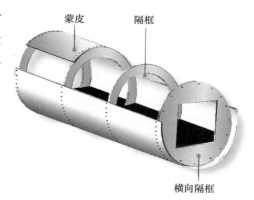

图 1-4　硬壳式机身示意图

硬壳式机身的优点是抗扭刚度大，可以更好地保持机身结构外形，气动性能好，承受局部载荷能力强。但因机身局部载荷一般较小，这一优点不易得到充分发挥。由于承力构件分布均匀，因而生存性最好。较为显著的缺点是：结构重量较大，不易开大舱口。

综上所述，从减轻重量，改善空气动力性能，提高结构刚度、强度和生存力等方面来说：硬壳式机身最好，桁条式次之，桁梁式再次之，桁架式最差。但就制造简单、便于开大舱口而言，次序相反。因此，一般直升机多根据不同部位的特点，采用不同的结构形式，以便兼顾部位要求，发挥各种结构形式之长。

随着直升机的发展，机体结构在选材、结构设计和加工工艺等方面均有很大的改进和提高。在选材方面，以大量采用复合材料为标志。例如，直 9 系列直升机的机体结构构件中复合材料所占的比例高达 59%，"黑鹰"直升机机体构件中复合材料占 35%。复合材料的大量采用，大大减轻了直升机的空机重量，改善了机体的维修性和可靠性，提高了直升机的抗疲劳性能。在结构设计方面，更加注重减小机身的废阻值。例如，多数直升机在机身外形凸出的部位均设有具备一定气动外形的整流罩，有些直升机还采用了可收放起落架和涵道尾桨等新的减阻措施，从而提高了直升机的最大飞行速度以及机动性和灵活性。在加工工艺方面，以胶结结构代替铆接结构，采用全面的密封连接，避免了零件间的应力集中及可能发生的电化学腐蚀，提高了机体的寿命和抗疲劳特性。

1.1.4　机身结构分类

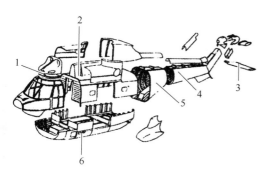

图 1-5　典型的直升机结构
1—驾驶舱；2—上部结构；3—水平安定面；
4—尾部结构；5—中间结构；6—下部结构

一般直升机结构主要由两部分构成：前机身结构和尾部结构。较大型的运输直升机有时也分为前机身、中机身、尾梁、尾斜梁、水平安定面等，此外还包括蒙皮和整流罩等。图 1-5 所示为典型的直升机结构。

根据结构的功能和失效后果的不同，每一主要部分所包含的结构又分为主要结构和次要结构。有些直升机进一步将次要结构分为两类，按照一类结构、二类结构、三类结构来区分不同的结构，其分类依据也是失效后果的不同。图 1-6 所示为某型直升机机身结构分类示意图。

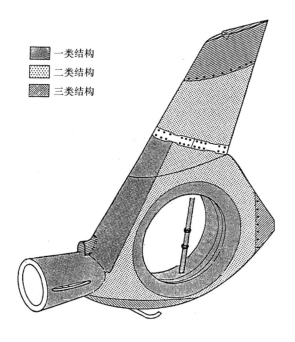

一类结构
二类结构
三类结构

图 1-6　机身结构分类

　　一类结构是指在飞行、着陆或起飞中，结构任何一部分的损坏会直接导致结构的损坏、操纵失控、功率的部分损失或直升机的基本安全和操纵设备或仪器仪表不能正确使用和损坏。如发动机平台、底部结构、主减速器平台等。

　　二类结构与一类结构的定义相同，但有足够的安全系数，因而允许较大的强度损失。如驾驶舱地板、仪表板、客（货）舱地板、电器安装架、脚踏板等。

　　三类结构即除一类、二类结构之外的所有结构，通常是不受力的部件。

1.2　直升机维修的基本概念

　　直升机的维修是保证直升机飞行安全的一个重要环节。

　　维修是对直升机所进行的维护和修理的简称。维护是指为保持设备良好工作状态所进行的工作，包括清洁、润滑、检查、调整，以及补充油料和消耗品等。修理指恢复设备状态至良好工作状态所进行的一切工作，包括检测、查找故障、排除故障、翻修和修复后的检验等。总而言之，直升机维修是为了保持和恢复直升机良好工作状态所进行的相关活动。

1.2.1 直升机维修的特点

直升机维修是指保持、恢复和改善直升机规定技术状态而在直升机寿命周期过程中所进行的一切工程技术和管理活动。直升机维修的特点是直升机维修的本质表现。

（1）高安全性。直升机是在空中使用的复杂系统，高技术密集，对可靠性、安全性有着更为特殊的要求，不仅要保证每一次使用的安全可靠，而且要保证整个寿命周期过程使用的安全可靠，不仅要准确判断其可靠性现状，而且要系统分析和科学把握其可靠性的变化趋势和发展规律，以便及时采取有效的维修措施，防止因可靠性的突变而带来严重后果。因此，直升机维修必须以可靠性为中心，将保持和恢复直升机可靠性作为直升机维修的出发点和落脚点。

（2）技术综合性。随着以信息技术为核心的高新技术群的快速发展及广泛应用，直升机的高新技术含量显著增加，微电子技术、光电子技术、人工智能技术和复合材料、隐身涂层、耐高温涂层等新材料、新工艺的应用，使直升机维修成为多专业的综合保障体系，成为一种技术综合性很强的活动。直升机维修已不是传统意义上的一种简单的技艺，而是一门综合性学科。科学维修要求有科学的专业分工、科学的维修技术、科学的维修手段，以及掌握科学理论知识和具有良好技术素质的专业人员。

（3）快速反应性。高技术条件下的现代战争具有突发性、多变性、快速性和致命性，要求直升机维修要用最短的反应时间保证直升机最大的出动强度，在各种复杂的环境条件下有效发挥保障直升机战术技术性能，在恶劣环境下快速修复战伤装备，在各种条件下快速机动实施支援作战和保全自己。因此，直升机维修的一切活动，应以快速反应为前提，高强度、机动灵活和较强的应变能力已成为直升机维修的基本特点和基本要求。

（4）综合保障性。直升机的使用是包括维修在内各种要素共同作用的结果，离开有效的维修，直升机就难以形成有效的作战能力。因此，作为一种保障性活动，直升机维修要服从和服务于直升机的作战使用需求。同时，这种保障性活动又是一种综合性活动，贯穿装备寿命周期全过程，需要许多部门、专业的密切配合，需要合理配置和使用各种维修保障资源等；而且这种活动又是在一种动态变化的环境中进行的，受到战场环境、装备状况、维修资源、人员技术水平等许多不确定因素的影响。直升机维修这种多因素、高不确定性的活动特点，使直升机维修保障活动必须具有综合性。

（5）环境复杂性。直升机维修是在复杂、恶劣的环境下实施的。平时的直升机维修大都在野外实施，无论是日晒雨淋、风吹霜打，还是白天黑夜、寒冬酷暑，都要实施维修活动以保障作战训练任务顺利完成。维修环境的复杂性还表现在环境的多变性，由于直升机作战半径大，机动性强，作战范围广，不同地域的地形、气候等自然条件对维修人员、装备有不同的影响，对维修活动也带来影响，要求维修人员掌握各种环境下的维修特点，熟悉不同环境下直升机技术性能的变化，从实际情况出发实施有效的维修。战时的直升机维修是在一种更为恶劣的环境下实施的，维修条件简陋，维修工具设备不齐全，备件短缺，维修设施不完善，维修时间紧，需要在核、化学、生物武器袭击和强烈电磁干扰环境下，进行防护和实施高强度的维修保障，因此，战时直升机维修必须着眼于现代战争的特殊环境，根据作战使用需求，开展针对性的训练，保障直升机维修能在各种环境下有效地实施。

（6）高消耗性。直升机系统结构复杂、作战使用要求高、耗费巨大，特别是随着直升机的更新换代，直升机使用和维修保障费用急剧增长，已成为制约直升机建设发展的一个"瓶颈"，形成了所谓的"冰山效应"。据统计，直升机的使用和维修保障费占寿命周期费用的比例一般超过60%，有的甚至高达80%以上，已成为装备寿命周期费用的主要组成部分。因此，需要加强直升机维修的系统规划和科学管理，改善维修的综合效益，抑制使用和保障费用需求的增长，以保障直升机维修的可持续发展。

1.2.2　直升机维修的内容

直升机维修主要包括：直升机维修设计、直升机维修作业、直升机维修管理、直升机维修训练和直升机维修科研五个方面。

（1）直升机维修设计，包括直升机维修品质设计和维修保障设计。维修品质设计主要有可靠性设计、维修性设计、保障性设计、安全性设计、人机工程设计等。维修保障设计主要有提出维修方案（确定维修等级、修理方针、维修指标、重要维修保障要求）、制订维修保障计划（详细的维修计划或维修大纲和维修管理计划）、维修工具设备设计、维修设施设计、维修人员技术的培训设计、维修零备件保障设计、维修技术文件资料设计、装备封装及运输设计等。直升机维修设计的基本任务就是从设计制造上保证航空装备具有良好的维修品质，并提供一个经济而有效的维修保障系统。

（2）直升机维修作业，是指在航空装备服役期内直接对其进行的维修操作活动和采取的各种技术措施，主要包括直升机的维护与修理，是直升机维修作业时维修生产力的具体体现，也是整个直升机维修系统赖以存在和发展的基础。维护包括飞行机务准备、直升机定期检修和日常保养；修理包括小修、中修和大修（翻修），以及直升机改装等。

（3）直升机维修管理，包括直升机维修系统的构建及其管理，即确定管理体制、作业体制和系统的构成与布局；直升机维修系统的运行管理，即制定维修方针政策、维修规划、维修法规，实施信息管理、质量控制、安全管理、效能分析和战时维修的组织指挥等；直升机维修系统要素的统筹管理，即对维修人员、维修手段、维修条件、维修设施、维修经费以及其他维修资源的管理。

（4）直升机维修训练，主要是组织实施直升机维修人员的专业技术培训，使之具有与本职工作相适应的理论知识、技术水平和管理能力。分为生长教育训练和继续教育训练（如上岗训练、日常训练、换装训练、晋职训练、函授和自学考试等）。

（5）直升机维修科研，主要是研究维修理论、政策，参与新型装备的研制论证及其技术预研，研究直升机的合理使用和现有装备的改进改装；研究制定维修技术法规；分析研究事故、故障，提出预防措施；改革维修手段，开发应用新的维修工艺技术等。

1.2.3 直升机维修的分类

直升机维修的分类，从不同的角度出发，有不同的分类方法。

维修的分类方法，最常用的是按照维修的目的与时机，将其分为预防性维修、修复性维修、改进性维修和战场抢修四种基本类型。

预防性维修（preventive maintenance，PM），是指通过对设备的检查、检测，发现故障征兆以防止故障发生，使其保持在规定状态所进行的各种维修工作。包括清洗、润滑、调整、检查、更换和定时拆修等。这些活动是在装备故障发生前预先实施的，目的是消除故障隐患，防患于未然，主要用于故障后果会危及安全和影响任务完成或导致较大经济损失的情况。由于预防性维修的内容和时机是事先加以规定并按照预定的计划进行的，因而预防性维修也可以称为预定性维修或者计划维修。

修复性维修（corrective maintenance，CM），是指产品发生故障后，使其恢复到规定技术状态所进行的维修活动，故也称排除故障维修或修理。主要包括故障定位、故障隔离、分解、更换、组合、安装、调校、检验，以及修复损坏件等。由于修复性维修的内容和时机带有随机性，不能在事前做出确切安排，因而也称为非计划维修。

改进性维修（improvement maintenance，IM），是指在维修过程中对产品进行局部的技术改进，以提高其性能（可靠性、维修性、测试性、保障性、安全性等）的工作，也称为改善性维修。

在维修工作中常常发现有些事故征候或故障的发生和设计问题有关。为了消除隐患，采取一些措施对产品的原有状况，包括其物理状况和技术参数加以改进。例如，对易损坏的部位予以加强，或改变其应力条件，改变管线和线路的固定位置、方法等。这些工作在性质上既可以是预防性的，又可以是修复性的。同时由于其改动不大，不需要重新设计而不属于改装，因而可以划分为一种单独的维修工作，但是它与改装还是有区别的。只有在维修过程中进行的，并且与维修目的一致的工作才属于改进性维修。需要重新设计而且不是为维修的目的而更改的设计，即使是维修机构进行的，也只能是改装而不是维修。

战场抢修（battlefield repair，BR），又称战场损伤评估与修复（battlefield damage assessment and repair，BDAR），是指战斗中装备遭受损伤或发生故障后，在评估损伤的基础上，采用快速诊断与应急修复技术，对装备进行战场修理，使之全部或部分恢复必要功能或实施自救的修理活动。战场抢修虽然属于修复性的，但是修理的速度、环境、条件、时机、要求和所采取的技术措施与一般的修复性维修不同，也是一种单独的维修工作。

按照维修时机，即产品发生故障前主动预防还是发生后去处理，可以分为主动性

9

维修和非主动性维修。主动性维修是为了防止产品达到故障状态，而在故障发生前所进行的维修工作，包括定期维修、视情维修和预先维修；非主动性维修又称为"反应式维修"，包括故障检查（或"故障探测"）和修理（修复性维修）。前者是针对隐蔽功能故障，通过检查确定其是否发生，以免引起多重故障带来严重后果；后者是功能故障已经发生，对其进行修复，使产品恢复到规定状态。

按照维修对象是否撤离现场可分为现场维修与后送维修；按照是否预先有计划安排，可以分为计划维修和非计划维修；按照维修部件的不同可分为机体维修、发动机维修、电子设备维修、附件设备维修等。

1.2.4　直升机维修方式

维修方式是对装备维修工作内容及其时机的控制形式，是维修的基本形式和方法。一般来说，维修工作内容需要着重掌握的是拆卸维修和深度广度比较大的修理，因为它所需要的人力、物力和时间比较多，对装备的使用影响比较大。实际使用中，维修方式是指控制拆卸、更换和大型修理（翻修）时机的形式。在控制拆卸或更换时机的做法上，从长期的实践中概括出三种：一是定时维修，即规定一个时间，只要用到这个时间的就拆下来维修和更换；二是状态维修，不问使用时间多少，用到某种程度就拆卸和更换；三是事后维修，即什么时候出了故障，不能继续使用了，就拆下来维修或更换。20 世纪 60 年代，美国民航界将其总结为定时方式、视情方式和状态监控（事后）方式。定时方式和视情方式属于预防性维修范畴，而状态监控方式则属于修复性维修范畴。直升机维修方式也可按此方式划分。

（1）定时方式（hard time process，HTP），指装备使用到预先规定的间隔期，按事先安排的内容进行的维修。其中"规定的间隔期"一般是以直升机、发动机的主体使用时间为基准的，可以是累计工作时间、日历时间或循环次数等。维修工作的范围从装备分解后清洗、检查直到装备大修。定时方式以时间为标准，维修时机的掌握比较明确，便于安排维修工作、组织维修人力和准备物资，适用于已知寿命分布规律且确有耗损期的装备，这种装备的故障与使用时间有明确的关系，大部分项目能工作到预期的时间以保证定期维修的有效性。但定时方式针对性差，维修工作量大，经济性差。

（2）视情方式（on condition process，OCP），是对装备进行定期或连续监测，在发现其功能参数有变化，有可能出现故障征兆时进行的维修。视情维修是基于这样的一种事实进行的，即大量的故障不是瞬时发生的，故障从开始到发生，总有一段出现异常现象的时间且有征兆可寻。因此，如果采用性能监控或无损检测等技术能找到跟踪故障迹象过程的办法，就可能采取措施预防故障发生或避免故障后果，所以也称为预知维修方式（predictive maintenance process）。视情维修适用于耗损故障初期有明显劣化征候的装备，并须有适当的检测手段和标准。其优点是维修的针对性强，既能够充分利用机件的工作寿命，又能有效地预防故障。

在视情方式的基础上，20 世纪 90 年代出现了主动维修和预测维修方式。主动维修方式是对重复出现的潜在故障根源（root causes of failure）进行系统分析，采用先进维修技术或更改设计的办法,从故障根源上预防故障的一种维修方式。通常维修工作对重复出现的潜在故障,只是从表面上予以排除,并认为这些重复维修是例行的正常现象,但是这些重复出现的问题常常是某一个更为严重问题的征兆,需要找准问题的关键所在,从故障根源上来预防,所以称为主动维修方式。它是采用强有力的监测诊断技术,随时监测那些可能产生故障根源信息的关键性参数,如力学稳定性、流体的物理或化学稳定性、热稳定性、污染控制、磨损控制等有关参数。也就是说,它不是监测设备的振动(当发现振动异常时故障实际上已经存在了),而是监测可能造成振动的原因,如不平衡、不对中等;不是通过监测润滑油中的磨粒及其特征元素浓度来判断过度磨损是否已经发生了,而是通过监测润滑油本身的性能指标、污染程度等来判断过度磨损是否有可能发生从而采取必要对策,把故障最大限度地消灭在萌芽状态。主动维修方式是视情维修方式的发展和深化,比视情维修方式更合理、更有效。预测维修方式是通过一种预测与状态管理系统,向用户提供出正确的时间对正确的原因采取正确的措施的有关信息,可以在机件使用过程中安全地确定退化机件的剩余寿命,清晰地指示何时该进行维修,并自动提供使任何正在产生性能或安全极限退化的事情恢复正常所需的零部件清单和工具,它是一种真正的视情维修方式。

(3)状态监控方式(condition monitoring process,CMP),是装备或机件发生故障或出现功能失常现象后进行拆卸维修的方式,也称为事后维修方式。对不影响安全或完成任务的故障,不一定非做预防性维修工作不可,机件可以使用到发生故障之后予以修复,但并不是放任不管,仍需要在故障发生之后,通过所积累的故障信息,进行故障原因和故障趋势分析,从总体上对装备可靠性水平进行连续监控和改进。工作的结构除更换机件或重新修复外,还可采用转换维修方式和更改设计的决策。状态监控方式不规定装备的使用时间,因而能最充分地利用装备寿命,使维修工作量达到最低,是最经济的维修方式。这种维修方式仅适用于那些发生故障对飞行安全或完成任务无直接影响,并且不会导致继发性故障的设备和机件。

这三种维修方式各有其适用的范围和特点,并无优劣之分,关键在于它们的针对性和适应性,三种维修方式的对比见表 1-1。随着航空装备的发展,以及可靠性工程、维修性工程等技术的发展,这三种维修方式已逐渐融合。

表 1-1 三种维修方式对比

序号	项目	定时方式(HTP)	视情方式(OCP)	状态监控方式(CMP)
1	含义	产品在规定的时间间隔翻修或更换。翻修将使产品恢复到或接近于原规定的技术状态	对产品技术状况的参数进行连续的或周期性的监控和测定,根据技术状况与标准状况的比较结果确定是否进行翻修或更换	不规定维修时间,而是不断依靠收集、分析产品的使用资料来监控该产品的可靠性,进而按分析结果采取相应措施,使产品一直工作到故障再修理或更换

表 1-1（续）

序号	项目	定时方式（HTP）	视情方式（OCP）	状态监控方式（CMP）
2	特点	（1）属于预防性的维修方式，以时间为标准进行翻修或更换；（2）定时分解检查或报废，不能随时监控产品何时出故障；（3）管理工作简单，但针对性差，维修工作量大，不经济	（1）属于预防性的维修方式，是按产品的某些状况标准来控制其可靠性，故能反映产品的实际情况，做到维修更有针对性，更经济；（2）由于要不断地定量分析视情数据以确定产品的最佳更换期，故对数据积累要求高	（1）属于非预防性的维修方式，通过不断分析产品的故障和历史资料进而评定产品的可靠性及维修大纲的有效性，产品出故障后，采取相应措施解决，故能最大限度发挥产品的效能，最为经济；（2）没有如同视情那样的"状况"的鉴定工作
3	监控方式	在定期更换或翻修中检查其技术状况	不断监控产品技术状况的变化，在故障前更换	故障后更换，不断监控产品总体状况（可靠性或质量），将其控制在可接受的水平
4	需要具备的基本条件	根据产品研制试验分析和使用情况，确定其寿命和翻修间隔	应根据产品视情要求、技术状况参数、监控手段（方法和设备）、视情资料和良好的可达性等，确定维修时机	故障必须对飞行安全无直接影响，也无隐蔽功能；应建立数据收集分析系统，评定产品可靠性并符合要求
5	适用范围	（1）故障对飞行安全有直接危害而又发展迅速，且不能采取视情方式的产品；（2）具有不能进行原位检查的隐蔽功能的产品；（3）确有耗损期并且在进入耗损期的残存概率比较大的产品	（1）故障对飞行安全有危害而又发展缓慢的产品；（2）具有能进行原位检查的隐蔽功能的产品；（3）确有发展缓慢的耗损故障，能检查出故障初始状况，且能评估出从潜在故障发展为功能故障所需要的时间	（1）无隐蔽功能，且故障对安全无直接危害的非损耗型产品；（2）对损耗型产品，原则上可用定时方式或视情方式，但故障后修复费用小于预防性维修费用的产品，宜选用状态监控方式

1.2.5　直升机维修三要素

做好直升机维修需要三个条件，又称维修三要素，即：

（1）装备（直升机）的维修性，即直升机是否能够和易于维修；

（2）维修人员的素质和技术；

（3）维修的保障系统，包括人力、技术、测试装置、工具、备件、材料供应等，还包括维修管理系统是否运行良好。

维修性是与维修关系最为密切的质量特性，即由设计赋予的使其维修简便、迅速、经济的固有属性，是一种设计决定的质量特性。维修性是指产品在规定的条件下和规定的时间内，按规定的程序和方法进行维修时，保持和恢复到规定状态的能力。其中"规定的条件"主要是指维修的机构和场所，以及相应的人员与设备、设施、工具、备件、技术资料等资源；"规定的时间"是指规定维修时间；"规定的程序和方法"是指按技术文件规定的维修工作类型（工作内容）、步骤、方法。在这些约束条件下完成维修即保持或恢复产品规定状态的能力（或可能性）就是维修性。维修性是可达性、可装连性、防差错性、（零件、元器件、部件）可互换性、测试诊断性、安全性、可修复性、可抢修性、维修工具的可使用性、可监控性、可调试性等方便维修的技术措施的综合，维修性取决于产品的结构、连接和安装、配置等因素，是由设计形成的特性。

1.3　直升机结构修理准则

直升机结构修理准则主要取决于直升机结构的设计思想和设计准则，因此，直升机结构修理技术人员应熟悉直升机结构的主要设计思想和设计准则，并且以这些设计思想和准则来指导制订直升机结构修理方案和具体的修理操作。

直升机结构损伤修理的基本原则是：在确保修理后的强度、刚度和空气动力性能的基础上，尽可能控制直升机结构重量的增加，并力争提高修理的速度。在这一总原则的指引下，有一些具体的修理准则需要遵守。

1.3.1　等强度修理准则

等强度修理准则分为局部等强度修理准则和总体等强度修理准则。

1.3.1.1　局部等强度修理准则

局部等强度修理准则：构件损伤部位经修理以后，该部位的静强度基本上等于原构件在该部位的静强度。按照这一准则修理时，首先要知道构件损伤处横截面上的最大承载能力，然后才能确定补强件的几何尺寸和连接铆钉的数目。

（1）构件最大承载能力的确定

直升机结构件的受力状态往往是不同的，有的主要受拉，有的主要受压，还有的主要受剪。通常按构件受拉确定构件损伤处横截面上的最大承载能力，这样，构件损伤处横截面上未损伤前的承载能力就等于材料的抗拉强度极限 σ_b 与构件损伤处原横

截面面积 F_0 的乘积，即

$$p_{\max} = \sigma_b F_0 \qquad (1-1)$$

由于构件的破坏通常发生在存在应力集中的螺栓孔和铆钉孔附近以及焊缝处，因此，构件的破坏载荷 p_{bl} 实际小于构件横截面上的最大承载能力 $p_{\max}$。p_{bl} 等于构件的破坏拉应力 σ_{bs} 与构件实际横截面面积 F 的乘积，即

$$\begin{cases} p_{bl} = \sigma_{bs} F \\ \sigma_{bs} = K\sigma_b \\ F = F_0 - md\delta \end{cases} \qquad (1-2)$$

式中：K——应力集中系数；

   m——构件横截面上的铆孔数；

   d——铆钉直径，m；

   δ——构件的厚度，m。

（2）补强件横截面面积和形状的确定

现以图 1-7 所示情况为例说明确定补强件横截面面积的计算方法。图中 A 板件为含穿透裂纹的损伤结构件，B 板件为补强件。设损伤板件 A 裂纹损伤处的实际横截面面积为 F_A，材料的抗拉强度极限为 $\sigma_{b,A}$，补强件 B 的材料抗拉强度极限为 $\sigma_{b,B}$，则根据局部等强度修理准则，补强件的横截面面积 F_B 为

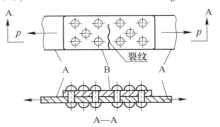

图 1-7　含裂纹构件的修理

$$F_B = \frac{\sigma_{b,A}}{\sigma_{b,B}} F_A \qquad (1-3)$$

由式（1-3）可以看出，如果补强件的材料与原构件的材料相同，则补强件的横截面面积应等于原构件的横截面面积，即 $F_A = F_B$。

由于构件的承载能力和它的横截面形状有关，因此，根据局部等强度修理准则计算出补强件的横截面面积后，还必须按修理部位的实际受力情况，选择补强件的横截面形状。一般来说，补强件的横截面形状应与原构件一致。

（3）连接铆钉的确定

在确定连接铆钉的类型和铆钉直径后，可根据等强度修理准则确定所需要的铆钉数目。例如，对于如图 1-7 所示的情况，板件 A 受拉时，拉力 p 通过铆钉将受力传给补强件 B。根据等强度修理准则，裂纹一边铆钉总的破坏剪力应当与构件损伤处横截面上的破坏载荷 p_{bl} 相等，由此就可确定出裂纹一边的铆钉总数 n，即

$$n = \frac{p_{bl}}{q_{bs}} \qquad (1-4)$$

其中，q_{bs}是单个铆钉的破坏剪力，该值可从表 1-2 和表 1-3 中查出。

表 1-2　双面承剪铆钉的单剪破坏剪力

N

材料		铝合金			钢			
		LY1	LY10	LF10	MLC15ML10	ML20MnA	1Cr18Ni9Ti	ML16CrSiNi30CrMnSiA
τ_b/MPa		190	250	160	340	500	440	720
铆钉直径/mm	2.5	930	1230	785	1670	2450	2160	—
	3.0	1340	1760	1130	2400	2530	3100	—
	3.5	1830	2400	1540	3260	4810	4220	—
	4.0	2380	3140	2000	4260	6270	5500	—
	5.0	3740	4900	3140	6690	9800	8650	14100
	6.0	5400	7100	4500	9600	14100	12400	20300
	8.0	9550	13100	8000	17000	25400	22000	36200
	10	14920	19640	1257	26700	39290	34560	56500

表 1-3　单面承剪铆钉的单剪破坏剪力

名称		平锥头螺纹空心铆钉				120°沉头螺纹空心铆钉		平锥头盲孔空心铆钉		六角头高抗剪铆钉				120°沉头高抗剪铆钉			
材料		LY1			MLC15	LY1	MLC15	LY1		30CrMnSiA				30CrMnSiA			
直径/mm	4	5	6	4	5	5	5	5	6	5	6	7	8	5	6	7	8
抗剪力/kN	2.1	3	4.5	3.5	5	3	5	3	4.5	11	16	22	29	11	16	22	29

当铆钉的个数和布局确定后，补强件的长度就随之确定了。

1.3.1.2　总体等强度修理准则

总体等强度修理准则基本思想是：根据总体结构的构造特点和受力情况，找出最严重的受力部位；然后根据受力最严重部位的极限受力状态，确定该总体结构能够承受的最大载荷；最后，以受力最严重部位的承载能力所确定的最大载荷，考核修理部位的强度储备。当被修理部位不是该总体结构的受力最严重部位时，该部位的结构强度储备一般比受力最严重部位的强度储备要大，也就是裕度系数比受力最严重部位的裕度系数高。换句话讲，当该总体结构的受力最严重部位达到极限受载状态而破坏时，修理部位却没有达到极限受载状态，因而也就没有达到破坏程度。在这种情况下，损伤部位修理以后的强度可以适当低于其原设计的强度，但其强度储备仍应比最严重受力部位强度储备大。也就是说，该部位的强度降低以后，不得改变总体结构的最严重受力部位，即不得导致总体结构强度储备降低。

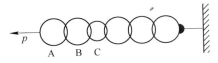

图 1-8　承力链条示意图

总体等强度思想也可以用图 1-8 所示的承力链条加以说明。将直升机结构视为一根受力链条，直升机结构传力路径上的各部位或结构件，视为链条中的各个链环。链条承受载荷 p，它经过各个链环传递。各个链环的强度储备分别为 η_A、η_B、η_C、η_D、…、η_N，链条中 C 链环的强度储备值最小。链条承力时，其中任何一个链环损坏，都会导致整根链条的损坏。因此，链条的最大承载能力取决于 C 链环的最大承载能力。

假设承力链条中的 B 链环受到损伤，按照总体等强度修理准则，修理以后的 B 链环的强度储备 η_B' 允许低于原强度储备 η_B，但是不能低于 η_C，即修理判据为

$$\eta_B' \geq \eta_C$$

遵照这个判据修复后的链条，其承载能力最弱的链环仍然是 C 链环。引申讲，设 $\eta_A > \eta_B > \eta_C$，如果 A 链环损坏了，修理以后 A 链环的强度储备 η_A' 小于 η_A，通过计算分析如果得知 $\eta_B \leq \eta_A'$，则这个修理方案从总体强度角度讲是符合要求的。因此，在制订修理方案时，只要知道修理部位修复后的强度储备大于总体结构中的一个组成构件（并不一定是结构中最严重受力件，但要选择重要受力部件）的强度储备，该修理方案从静强度考虑即被认为符合要求。

采用总体等强度准则制订修理方案时，应对结构传力情况和受力状态进行准确的分析，并确定损伤部位修后的强度储备大于结构中另一个其他部位的强度储备。

在直升机结构修理中，通常采用局部等强度修理准则制订修理方案。当用局部等强度修理准则制订修理方案不理想，甚至不可行时，可采用总体等强度修理准则来制订修理方案。

1.3.2　刚度协调修理准则

直升机结构在使用载荷作用下，除了要有足够的强度外，还要有足够的刚度。也就是说，直升机结构不但不应有明显的永久变形，而且弹性变形也应有一定限度。直升机结构的刚度不足，飞行中就不能保持良好的气动力性能，而且还能引起强烈的振动，甚至使结构破坏。在直升机结构设计中，有的结构是按强度要求设计的，有的结构是按刚度要求设计的，还有的结构既要按强度要求进行设计，同时也要按刚度要求进行设计。因此，制订结构修理方案时，在考虑等强度修理准则的同时，还要考虑刚度方面的修理要求。

刚度协调修理准则：构件损伤部位经修理后，构件所在部件的刚心位置和平衡状态应保持不变；同时，构件之间（或部件各部位之间）的刚度和变形要协调一致。

从刚度协调修理准则角度考虑，修理时应注意以下几点：

（1）由于机翼弯扭颤振临界速度主要由机翼扭转刚度确定，所以，修理时不允许改变机翼薄壁结构的闭合性，也就是不允许将闭室结构改变为非闭室结构或将多闭室结构的闭室数目降低。

（2）对于旋翼、尾桨等有平衡要求的部件，修理时不能随便增加修理部位的重量，否则会破坏原来的平衡。因此，修理后应进行平衡检查。

（3）应避免过分加强受损伤构件或用刚度过高的新件更换损伤件，否则会因刚度不协调，过早地在修理部位的连接处出现疲劳裂纹。

（4）避免在刚性较强的传力路线附近平行地布置较柔性的传力路线。

（5）应避免同一连接接头上或同一条传力路线上，混合使用紧固件，如铆钉和锁紧螺栓一起使用。这是因为铆钉配合较紧，在铆钉变形直至消除了螺栓与螺孔的间隙之前，螺栓还未承受其应分担的载荷。这样容易使铆钉超载，并可能提前疲劳破坏。如果必须采用这种混合连接，那么最好采用精密配合的螺栓。

1.3.3　抗疲劳修理准则

抗疲劳修理准则是指：损伤构件经修理后，应尽可能使其恢复到未损伤前的抗疲劳强度。为此，在修理过程中应注意以下两点：

（1）当需要更换或加强损伤的结构件时，新的替换件或加强件一般应与原结构件的材料相同。切忌单从静强度上考虑，而采用刚性较强、强度较高的材料，过分地加强损伤部位，致使结构上产生"过硬点"，降低疲劳强度。

（2）应力集中是影响金属构件疲劳强度的最重要因素。因此修理中应尽可能避免应力集中现象出现，在无法避免时，应尽量减小应力集中系数。避免或减缓应力集中的措施有如下几条。

①修理部位应尽量避免横截面有急剧突变出现。在构件横截面尺寸或形状改变的地方尽可能采用较大圆角光滑过渡，防止截面面积突然增加。

②在直升机结构修理中，应避免切断主要传力构件，如隔框、桁条等；同时切割几根构件时，应使切割线彼此错开。

③接补修理损伤构件时，应尽量不采用单侧加强方案，优先选用两侧加强方案。

④开工艺孔时，要避免在主要受力构件上开孔，特别是受拉构件尽量不开孔。例如，机身加强框的腹板都是承受剪力的主要构件，一般应避免在这些构件上开孔。无法避免时，应在开孔四周采用边框加强或做成补偿式开孔，并且应根据构件的受力状态和工艺要求，确定合理的开孔形状。

⑤修理部位的构件边缘不允许有尖角，并保证有足够大的圆角过渡，这样可避免从尖角处产生裂纹。

⑥避免在主要传力构件的高应力区域或应力集中部位装置辅助构件，防止出现复合应力集中。连接在主要结构上的辅助接头不应承受主要载荷。

⑦铆钉孔和螺栓孔的布置，要尽量避开高应力区。最好将各个应力集中部位错开一小段距离以避开应力集中的叠加。

⑧尽量减少接头和接缝，并将它们置于低应力区。避免过长的对接缝，以免传载不均匀。同时，接缝最好安排在受力骨架上。

直升机结构修理的一般准则除以上三个外，还包括抗腐蚀修理准则、保持直升机气动外形修理准则等。在对直升机结构进行损伤修理时，应以这些修理准则为依据，正确地制订修理方案。

1.4　直升机结构修理方案制订

修理方案是对损伤直升机实施修理的依据。修理方案是否科学合理，不仅影响修理质量和飞行安全，而且还关系到能否缩短修理时间、减少修理费用等问题。因此，在对损伤直升机实施修理之前，必须合理地制订修理方案。

1.4.1　修理方案的主要内容

修理方案通常用表格、条款的形式书写，其主要内容如下。

（1）损伤情况和检测结果

损伤情况主要是从总体上对损伤直升机进行描述，内容包括：直升机损伤原因、损伤部位、损伤形式和尺寸大小等。检测结果一般以表格的形式书写，内容包括：损伤构件的名称、材料、构件类型、损伤类型和损伤尺寸等。

（2）修理方法和工艺

每一处损伤都应给出其相应的修理方法，或提出几种修理方法供修理人员根据现场条件选择。每种修理方法都应以表格的形式给出其相应的修理工艺，内容包括：工艺步骤、技术要求、修理简图、质量检验内容和方法、注意事项、修理时间和操作人员等。

（3）修理程序和人员

根据直升机的损伤情况、施工条件和修理应达到的标准，对各项具体工作（工序）统筹兼顾，制定修理工作程序，以期有效地利用时间、人力和物力等资源。修理程序一般以流程图的形式给出，内容包括：串行工作项目和并行工作项目，以及各项工作时间限制等。修理人员包括：人员的总数、人员的工种和数量、人员的分组和承担的任务等。

（4）修理器材和工具

修理器材和工具依据直升机的损伤情况和采用的修理方法确定，内容包括：器材牌号、规格和数量，以及工具类型和数量等。

除上述内容外，修理方案中还应包括修理总时限、修理所需的技术资料等。

1.4.2　制订修理方案时应考虑的基本因素

制订修理方案时，主要以该型直升机的修理手册、标准工艺手册为依据。对于超出手册范围的严重结构损伤，其制订的依据是该型直升机的强度设计资料、空气动力资料、腐蚀控制资料，以及修理准则等。必要时须进行相关试验，以验证结构修理方案的准确性。

（1）充分考虑损伤原因和损伤构件的类型

损伤原因不同，需要考虑的因素也不同。如停机状态下直升机被碰撞造成的损伤，由于直升机结构不受力，损伤影响区域较小，确定损伤部位及损伤件比较容易；若直升机在空中飞行或起飞、着陆过程中产生损伤，其损伤影响区域较大，需要考虑的因素也比较复杂，要根据直升机的受力状态、传力路线等确定损伤影响区域及损伤构件的损伤细节。

损伤构件的类型不同，其修理原则和修理方法也不相同。如相同尺寸的蒙皮破孔，若蒙皮为单板薄蒙皮，一般采用托底平补法修理；若蒙皮为壁板蒙皮，则采用盖板法修理。

（2）充分考虑结构静强度和刚度等方面的要求

制订修理方案时，不仅要满足结构静强度要求，还要满足结构刚度方面要求。需要充分考虑结构修理后，不能改变原结构的破损安全设计、损伤容限设计和耐久性设计的特性。切忌单纯从静强度上考虑，而采用刚性较大、强度较高的材料，过分地加强损伤部位。对于结构件材料强度较低，并且处于拉-拉或拉-压交变应力状态时，不宜采用超高强度材料加强修理。

（3）充分考虑气动力光滑性要求

为了保持直升机的良好气动力特性，在制订修理方案时，应注意保持和恢复直升机的流线型和蒙皮表面的光滑度。对于直升机气动力敏感部位，要尽可能恢复其原来外形；对于可采用外加补片修理的部位，要给出明确的规范要求。

（4）充分考虑修补重量要求

修补重量的过分增加，不仅会破坏原结构的平衡，甚至可能改变直升机的重心位置，造成直升机不平衡。因此，在修理方案中，对于补强件的材料、尺寸和紧固件的数量等均应有明确的规定。

（5）充分考虑密封性和可接近性要求

制订修理方案时，对于密封结构修理，应考虑密封形式、密封材料和密封要求等。对每一处损伤的修理，必须考虑施工的可行性，即可接近性；一般需要考虑施工路线、程序、施工空间，以及开施工孔等。

（6）充分考虑永久性修理

在应急情况下，对损伤直升机的修理不可能完全实施永久性修理，有些损伤需要采用临时性修理。在制订临时性修理方案时，除规定检查周期和使用时限外，要充分考虑永久性修理，如果不这样考虑，就会给永久性修理带来不便，甚至会造成无法实施永久性修理的后果。

1.5　直升机修理的要求

1.5.1　一般要求

（1）直升机在使用过程中，其摩擦接合处、铰接处和螺栓连接处会出现磨损，振动负载会导致各结构件，主要是附件的固定部位出现裂纹和其他损伤。久而久之，橡胶制品（密封件、软管等）以及漆层会失去原有的性能。这些决定了修理前直升机的使用寿命。

直升机修理的基本要求是在技术寿命和日历寿命规定的使用期内两次修理期间保证零件、附件和结构件具有足够的强度，以及保证决定直升机飞行技术特性的气动性能。

（2）修理时，必须完成通报规定的所有补充工作。

（3）所使用的文件如下：

①直升机修理手册；

②直升机供货企业的技术条件和图样；

③直升机零件和装配单位目录；

④直升机使用手册；

⑤直升机维护规程；

⑥直升机机组飞行手册。

（4）修理时执行使用文件中规定的安全技术要求。

（5）为确保直升机具有较高的修理质量，要求如下：

①专业人员经过良好的培训；

②具有规定使用的文件；

③设备、工具、夹具状态良好并配套齐全；

④经常对附件和直升机所有修理操作和测试的完成情况进行检查。

注意：不允许在不能保证上述要求的修理厂进行直升机修理。

（6）检测故障时，应采用必要的检测方法，查明所有故障和零件磨损。

（7）损坏的零件一般应更换。有些零件允许修复，修复的零件应保证其强度。

（8）新零件应严格按照图册和技术文件要求制作。

（9）橡胶件在直升机寿命期限范围内根据其技术状况确定继续使用或报废。

（10）所有安装在直升机上的附件和备件都应具备生产厂的出厂证。使用另一架直升机上的零件时必须知道其已工作时间。

（11）直升机所有附件在装配后应在相应的设备上进行专门的检查和试验（如果技术条件规定有试验）。

（12）故障检测结果、附件测试数据、安装数据、水平测量和调节数据的结果应填写到直升机履历本中。

（13）直升机发生事故后能否进行修理要根据检测结果确定。如果主要承力结构件损坏，修理后会损坏直升机的水平和调节数据，则这些附件（或整架直升机）应报废，不允许进行修理。

（14）直升机修理程序如下：

①接收直升机；

②直升机的初步故障检测；

③直升机的分解；

④已分解直升机的清洗；

⑤故障检测；

⑥修理；

⑦配套；

⑧直升机装配；

⑨直升机喷漆；

⑩直升机地面和飞行试验；

⑪直升机的交付。

1.5.2　修理厂房的要求

1.5.2.1　直升机拆卸和装配车间（工段）

（1）在直升机拆卸车间（工段），对主要附件和部件要完成大量工作，各类专业人员要正确配备。

（2）在进行直升机的拆卸和分解工作时，要采取措施妥善保存拆下的附件、设备、部件、紧固件，为此，在该工段应安装专用工作台架。紧固件、部件和附件稳固地安放在专用架上，不要堵塞通道。

（3）工段的场地应符合标准，厂房内吊车轨道的高度为 8~8.5m。

（4）直升机主要附件和部件拆卸工段的地面应平坦，没有压坑和凹陷，以防损坏直升机。允许地面为沥青或水泥地面。

（5）在工段上应敷设有用于连接气动工具的压缩空气管线和用于连接 12~24V 工作灯的电源线，以及安装有起重量不小于 8t 的梁式吊车。

（6）附件的修理工段应安排在直升机的修理厂厂房内，直升机的拆卸和分解工作也应在此进行。

1.5.2.2　零件和部件的故障检测工段

（1）从直升机上拆下和库房中取出的零件和部件应在单独的、指定的工段内进行故障检测。

（2）工段房间应粉刷，墙壁涂调和漆，涂漆高度不低于 2m，上部和顶棚涂胶质涂料。地面应使用易清洁的材料，如釉砖或钢筋混凝土。

（3）工段房间应通风良好。空气相对湿度不超过 70%，室内温度为 15~25℃。

（4）工段上应有干燥的压缩空气，压缩空气应用油水分离器清除水汽、滑油和灰尘。油水分离器对水的分离每班组不少于 1 次。车间（工段）应配备铺有毛毡、镀锌铁板、铝板或层压胶布板的工作台。

（5）工作结束后每天应仔细打扫房间并用抹布擦拭设备。

注意：禁止用各种溶液清洁设备、墙壁和地面。

（6）工段应配备有灭火设备。易燃液体应存放在密闭的金属桶内，其数量不超过当班需用量。

1.5.2.3 修理和最后装配用零件、部件和附件配套工段

（1）修理好的零件、部件和附件按机头、机身、尾梁、尾斜梁等主要构件的属性摆置在厂房内专用托架上，同时每一个附件的零件和部件根据其结构特点分组或分格放置在架子上。

（2）液压、空气和燃油系统零件和部件应防止灰尘、滑油、外来物掉入。液压附件接头用堵塞密封保护，防止油封油流出，而导管两端包上油封纸和棉布。

（3）拆卸导管时，根据它们在直升机上的位置进行分组，每一组导管单独捆扎，系上注有该组导管在直升机上位置的标签。在配套的房间内临时存放和在送交装配时也要遵守这一程序。

1.5.2.4 密封胶和黏结剂配制工段

（1）配制工段室内温度应为 15～35℃，相对湿度为 35%～70%（最大允许为 80%）。

（2）工作间应清洁并与所有其他房间隔开。工段最好由两个单独工作间组成，一个工作间放干燥的密封胶（黏结剂）成分，另一个工作间放必要的设备，进行密封胶的配制和发放工作。如果该工段设在同一个工作间内，则干燥成分和相应的设备应靠一面墙壁放置，配制密封胶的设备则靠另一面墙壁放置。

（3）工作间应刷白，地面铺釉砖，墙壁砌瓷砖，高度距地面 1.5m。

（4）为了确保正常工作和符合安全技术要求，工段上必须具备空气运动速度不小于 0.7m/s 的进气排气通风装置，冷热水。

（5）必须遵守防火安全规定。

（6）配制好的密封胶和黏结剂应用一次性纸杯送到工作位置，这样可以减少洗涤工作和降低容器洗涤剂的消耗。

（7）每一份配制好的密封胶（黏结剂）送到工作位置时都要带有记录卡（见图1-9），上面注明配制时间和有效期。记录卡粘贴在密封胶罐上。

配制记录卡	
配制日期：	配制时间：
有效期：	
配制者：	

图1-9 配制记录卡

1.5.2.5 软油箱修理工段

（1）软油箱的修理包括明显穿孔、破裂和其他缺陷的粘补或者在没有需要修补的明显缺陷时发现的不密封部位的修理。

（2）工段的工作间应清洁、明亮，地面应有防止产生灰尘的铺层（釉砖、水磨石或涂漆的沥青铺层），顶棚也应涂漆。

（3）室内温度应为 20～35℃，空气湿度不超过 70%，必须具有足以确保干燥和

安全技术要求的自然通风。

（4）工段应装备起重量 1t 的梁式吊车，以吊运软油箱吊篮。

（5）工段上安装有下列设施：

①局部硫化变压器和梁式吊车电动机所需三相交流电电源线，电压 380V；

②公共照明和检查软油箱密封性的水池照明用交流电源线，电压 220V；

③工作灯用直流电源线，电压 36V；

④压力为 4~6kgf/cm²[①]的压缩空气管路，接到油箱密封性试验水池、油箱耐油性检查控制台，以及清洗、确定变形和配套的工作位置；

⑤输水管路接到硫化后零件冷却器、油箱密封性试验水池、局部硫化装置。

（6）软油箱和橡胶件修理时使用的黏结剂中含有有毒和易燃物质，因此该工段应保证良好的通风。

警告：工段上严禁有明火。

（7）只允许使用防爆灯泡从内部对软油箱进行照明。

（8）工段应配备防火设备。

（9）为对油箱进行密封性和耐油性试验，工作位置上要贴有安全技术须知。

1.5.2.6 导管和油箱修理工段

（1）所有系统和油箱导管的修理包括外焊、钎焊、二次轧制、油箱和大口径导管上压坑的修复、漆层的恢复和新导管的制造。

（2）航空修理厂的总配置中，该工段最好设在外墙附近，因为必须对焊接、钎焊、清洗工段的切管机和去油槽进行局部抽风，而整个工段要保证通风良好，此外油漆和清洗工段必须用砖墙围护起来。地面应有防尘铺层（釉砖、水磨石或上漆的沥青铺层）。

（3）工段上应装有下列设施：

①蒸汽导管接到油漆间油漆槽（用于加温）、零件去油槽、焊接后焊剂洗涤槽；

②压力为 4~6kgf/cm² 的压缩空气管路；

③电压 380V 和 220V 的电源线。

（4）工段上进行焊接和试验工作，以及对导管进行加热和液压弯曲时要特别注意安全。焊工的工作位置应有挡板。

警告：导管和油箱清洗和油漆工段严禁任何明火操作，禁止吸烟。

（5）焊接和加热进行导管弯曲工作的工段要贴有焊接安全须知。

1.5.2.7 桨叶修理工段

（1）旋翼和尾桨桨叶修理工段应在单独粉刷过的工作间内进行。墙壁应涂油漆，高度 2m，而上部和顶棚涂胶质涂料。地面应有防尘铺层（釉砖、水磨石或上漆的沥青铺层）。

（2）室内温度应为 15~35℃，空气湿度为 55%~75%。必须具有足以确保干燥和安全技术要求的自然通风。

注：①1kgf/cm² ≈ 98.067kPa。

（3）工段应配备起重量 1t 的梁式吊车，以吊运工装和桨叶。

（4）工段上应装有下列设施：

①压力为 4~6kgf/cm² 的压缩空气管路，压缩空气应用油水分离器清除水汽、滑油和灰尘。油水分离器对水的分离应不少于每班组 1 次；

②电压 380V 三相交流电电源线；

③公共照明用 220V 电源线；

④工作灯用 36V 电源线。

（5）车间（工段）应配备防火设备。

1.5.2.8　灭火瓶试验和充填工段

（1）灭火瓶试验和充填工作间应用单独的密封隔板与其他工作间隔开，工作间具有进气排气通风装置、日光照明和供暖设备。

通风装置应确保每小时进行 4 次空气交换。通风装置应离地面 0.5m。通过火炉供暖时，炉子应放在室外或在炉子前装挡板，防止灭火瓶直接受热。

门应向外打开，充填时不要关闭。

工段房间应粉刷，墙壁和顶棚涂胶质涂料。地面应有防尘铺层。

（2）工段上应有用于设备和公共照明的电源线。

（3）工段应配备防火设备并有淋浴间。

（4）已充填灭火瓶存放房间应与充填房间隔开。房间应保持通风，室内温度不超过 30℃，相对湿度不超过 70%。

（5）房间应配备有专用支架。

（6）与灭火瓶充填有关的工作应由 2 人完成。

1.5.2.9　直升机补漆工段

（1）工段上使用的是含易燃有机溶剂的涂料，对人体有害。所以涂漆工作应严格遵守"机器制造喷漆的卫生规定"。

（2）工段设置在平房中，与其他工作间隔开，门向外开启。所有结构件（墙壁、铺层）都应由耐火或半耐火材料（天然石料、烧透砖和硅酸盐砖、混凝土）制成。墙壁应粉刷，涂漆高度至 2m，而其上部和顶棚涂胶质涂料。地面为耐火和耐水材料（钢筋混凝土、釉砖），易擦洗。

（3）房间内配备有供暖设备和通风装置，保证季节转换和冬季时室内温度为 16~20℃，夏季不高于外界温度 3℃。

（4）通风装置为机械式压力抽风装置，并应确保专业人员工作范围内有害物（染料渣、溶剂和铅蒸气）密度不超过现行"卫生标准"允许的范围。

（5）工段应有密封容器，用于存放 24h 内用的涂料。

（6）工段接有设备和公共照明电源线；同时光源以及电动机的启动按钮等应符合防火要求。油漆工段允许使用电压为 12V 的防爆工作灯。

（7）工段应有压力为 4~6kgf/cm² 的压缩空气管路。压缩空气应用油水分离器清除水汽、滑油和灰尘。油水分离器对水的分离每班组不少于 1 次。

（8）工段应配备有灭火设备。

（9）为接近直升机尾梁和发动机罩，工段应配备有轻便工作梯。

（10）同时在工段上进行直升机涂漆工作的应不少于 2 人。

1.5.2.10　成品件和零件启封和油封工段

（1）工段应设在平房内，用单独的密封隔板与其他房间隔开，具有压力抽风式通风装置。墙壁应粉刷，涂漆高度至 2m，其上部和顶棚涂胶质涂料。地面应是易于清洁的耐火和耐水材料（如钢筋混凝土、釉砖等）。

（2）去油封时应接通通风装置。

（3）工段应有压力为 4~6kgf/cm² 的压缩空气管路，压缩空气应用油水分离器清除水汽、滑油和灰尘。

（4）工段应配备起重量 1t 的梁式吊车，用于吊运发动机、减速器和其他部件。

（5）工段接有设备和公共照明电源线；同时光源以及电动机的启动按钮等应符合防火要求。工段上允许使用 12V 电压的防爆工作灯。

（6）同时在车间（工段）上工作的应不少于 2 人。

1.5.2.11　液压系统修理工段

（1）房间应明亮，用密闭、水平配置的照明灯照明。

（2）房间内装有昼夜循环工作的空气调节净化器，它带有两个微型空气过滤器，以保证空气清洁，没有灰尘。房间内应保持 0.05~0.07kgf/cm² 的剩余压力。

（3）地面、墙壁和顶棚建议使用硅酮基涂料和清漆，形成防尘和防水的光滑表面。地面、墙壁和顶棚之间的转接部分应修圆，凸起部分的数量应最少，以减少灰尘和污垢积聚。地板建议使用聚氯乙烯塑料或环氧树脂基塑料。

第2章　直升机接收与检查

直升机在使用过程中，由于自然环境造成的各种氧化腐蚀及使用过载、操纵错误或维护不当等，常常会造成直升机结构的损伤，如直升机结构产生裂纹、变形、撞伤和烧伤等。这些损伤降低了直升机结构的强度、刚度，影响了直升机的气动性能，因此必须对直升机结构的损伤进行及时的修理，以保证直升机处于良好的使用状态。

接收和检查直升机，是直升机修理的第一项工作内容。接收直升机时，同时接收相关技术资料，并向送交直升机方了解直升机使用情况和技术状态，以便更好地开展直升机修理工作。接收直升机的同时，要对直升机进行初步检查，确定其损伤和故障情况，为制订修理方案奠定基础。

在进一步的修理过程中，通常还需要对直升机结构损伤进行检测。直升机结构损伤检测是指对损伤直升机进行损伤程度的检查和鉴定，其目的是为制订修理方案和实施修理提供依据。直升机结构的损伤，有些用目视检查并辅以简单检查工具，便可发现，有些则必须用专门仪器进行检测。

2.1　接收直升机

2.1.1　一般要求

根据修理和交付的技术文件接收修理直升机；直升机和技术文件应配套齐全；修理厂代表与送交方代表一起拟定交接书。接收直升机修理时要仔细查看下列随机文件：①直升机履历本；②发动机履历本；③直升机、发动机附件与成品件的履历本和出厂证；④直升机送修依据的文件；⑤直升机水平测量图。

查看上述文件时要注意下列事项：

（1）直升机履历本中：直升机出厂和开始使用日期；直升机飞行小时；完成的起落次数；按通报完成的工作；预防性检修和小修完成情况；直升机附件和成品件更换情况及更换原因；定期工作情况。

（2）发动机履历本中：发动机出厂和使用日期；工作小时；按通报所完成的工作；小修和预防性检修完成情况；定期工作情况；附件的更换；剩余寿命。

（3）直升机、发动机附件与成品件履历本和出厂证中：配套情况；出厂和开始使用日期；剩余寿命。

（4）直升机送修依据文件中：直升机送修原因。

（5）直升机水平测量图中：测量图填写的正确性。

2.1.2　直升机预先故障检查

预先故障检查的内容包括以下几个方面：

（1）根据直升机维护规程进行飞行前准备工作（直升机预先工作和查看）。

（2）进行直升机动力装置和各系统的检查工作。

（3）进行直升机检查并根据检查和查看结果形成故障明细表和动力装置工作参数卡。

（4）进行检查并制作直升机主要调节数据卡。

2.1.3　油封

根据发动机和主减速器的文件，对其进行内部和外部油封。

备注：如果直升机修理前要长期停放，则应按照直升机技术使用手册进行油封。

2.1.4　将直升机送交修理车间

随机文件和故障预先检测文件随直升机一起移交。

分析收到的文件，以确定修理方案。

2.1.5　直升机水平测量

进行直升机水平测量，填写水平测量卡，并将测得的数据与直升机履历本中的水平测量数据进行比较，偏差较大时要查清原因。如果故障部附件更换后直升机水平测量数据仍不能恢复，则直升机不再进行修理。

备注：

（1）鉴定小组根据直升机的技术状况做出直升机不适宜修理的决定。

（2）分解报废的直升机并进行故障检测，以确定其零件和附件是否可用来修理其他直升机。

2.2　直升机的目视检查

目视检查直升机，主要针对直升机结构表面肉眼可见的损伤，如划伤、凹坑、破孔、紧固件松动等，借助辅助工具（如放大镜），也可以发现裂纹等对飞行安全影响较大的隐蔽性损伤。目视检查应按照直升机维护手册的要求进行，一般应按照规定的顺序和路线进行检查，或按照规定的站位进行检查，目的是保证检查的全面性，避免出现直升机损伤未检查到或有些部位重复检查的现象。

现以米系列直升机为例，说明直升机检查线路和检查内容，其检查线路如图 2-1 所示。

（1）发动机右舱：发动机舱整流罩锁扣开、关灵活；中央防火隔板不应有裂纹和变形、严重压坑或损伤；进气道无压坑、裂纹和铆钉松动；尾喷管无裂纹、烧伤和

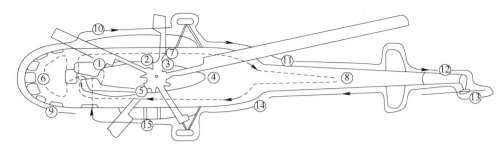

图 2-1　米系列直升机检查线路图

①—发动机舱；②—减速器舱；③—自动倾斜器和旋翼桨毂；④—尾舱和旋翼桨叶；⑤—上部装置另一侧；
⑥—驾驶舱；⑦—货舱；⑧—尾梁（内部）；⑨—机身前部、前起落架；⑩—机身右侧；⑪—尾梁（外部）、
水平安定面和尾撑；⑫—尾斜梁；⑬—尾桨；⑭—货舱门；⑮—机身左侧

变形；滑油散热器壳体、蜂窝结构无裂纹和损伤等。

（2）主减速器右侧：整流罩开、关灵活，无机械损伤；支架无裂纹、无机械损伤、保险完好；壳体无裂纹，各附件固定可靠，接合处无渗油；操纵拉杆、摇臂及固定座无裂纹、变形，连接可靠，保险及搭铁线完好；尾桨操纵钢索无断丝、锈蚀，与扇形轮的连接正确可靠，保险完好；导向滑轮转动灵活，无裂纹、无偏磨；灭火系统各附件、导管的固定保险应牢靠。

（3）自动倾斜器和旋翼桨毂：双向摆锤减振器、旋翼桨毂和自动倾斜器无锈蚀和裂纹；桨叶限动块无裂纹和严重损伤等。

（4）尾舱和旋翼桨叶：尾舱各部无裂纹、变形；旋翼桨叶漆层完好，无裂纹和机械损伤；长桁不翘曲；检查桨叶胶合状况、允许开胶部位和开胶范围等。目视大梁压力信号器红色标志不露出，旋翼桨叶大梁内的空气压力正常。

（5）上部装置另一侧：检查同右侧。

（6）驾驶舱：检查通往发动机的顶棚盖接耳无裂纹，固定可靠；封严胶带完好无损；活动观察窗灵活可靠；抛放手柄保险良好；旋翼刹车手柄固定架无裂纹；座舱玻璃清洁，无机械损伤等。

（7）货舱：取下货舱顶棚装饰板，检查操纵系统各拉杆、摇臂和导向滑轮的固定、保险完好，无机械损伤；各应急抛放舱门、窗的抛放把手应用 $\phi0.5\mathrm{mm}$ 的铜保险丝保险。

（8）尾梁（内部）：中机身与尾梁对接处的固定、保险可靠；隔框、蒙皮和各受力件完好，无裂纹、变形，铆钉不得松动；尾轴没有扭曲、损伤，锥形螺栓的螺母没有松动，尾轴固定牢靠，橡胶套没有位移，不渗油；尾桨操纵钢索无断丝、磨损、锈蚀和直径变细；松紧螺套的保险完好；水平安定面的连接固定可靠。

（9）机身前部、前起落架：蒙皮、框架没有裂纹、破损和锈蚀，铆钉和螺钉不应松动、脱落；驾驶舱玻璃应清洁，无裂纹、划伤、擦伤和变形；打开前机身下部的检查口盖，操纵系统各拉杆、摇臂的固定、保险可靠，无裂纹和损伤；冷气系统附件和导管的固定、保险良好，无渗漏。前起落架缓冲支柱和斜撑杆的固定、保险可靠，

无裂纹和损伤，不渗油；机轮的固定螺母应拧到位，保险完好，轮毂无裂纹，外胎与轮毂的标记不应错位（左机轮的固定螺母是反螺纹）。

（10）机身右侧：蒙皮无裂纹、破损和锈蚀，铆钉、螺钉不应松动、脱落和断裂；货舱玻璃窗无裂纹、擦伤和划伤；加温炉外部完好，锁闭可靠，有铅封；外挂油箱无裂纹、砂眼和严重损伤；固定保险牢靠；固定箍带无裂纹、偏斜，不应与油箱摩擦；起落架的固定、保险牢靠，无裂纹和严重损伤等。

（11）尾梁（外部）、水平安定面和尾撑：尾梁的蒙皮无损伤、裂纹和变形，铆钉不松动、脱落，漆层完好；水平安定面的固定牢靠，蒙皮无破损，漆层完好，用手扳动水平安定面时无明显的间隙；尾撑固定牢靠，保险完好，无机械损伤等。

（12）尾斜梁：尾斜梁的蒙皮无损伤、裂纹和变形，铆钉不松动、脱落，漆层完好。

（13）尾桨：尾桨叶固定保险可靠，无裂纹、划伤、压伤和锈蚀；桨叶清洁，漆层完好，桨叶胶合良好；尾桨毂无裂纹、机械损伤和锈蚀。

（14）货舱门：无裂纹损伤，无铆钉松动，固定螺栓完好等。

（15）机身左侧：同右侧内容，并检查登机门灵活、无机械损伤，登机梯不应有裂纹，装取方便。

实习科目一：按路线检查直升机

实习要求：仔细阅读上述内容，同时查阅米系列直升机的修理手册、维护手册，完善下表，并按照表中内容进行直升机检查，记录检查结果。也可根据实际情况，进行其他机型的检查，查询相关机型的维护、修理手册，并填写下表，按表操作即可。

×××学院	直升机结构修理课程实训任务工卡		卡号：JGXL-01
工卡标题	按线路检查直升机		
机型	米-17B-5	工作区域	
版本		学时	
参考资料	米-17B-5 直升机修理手册、维护手册		
注意事项	1. 工作前认真学习"上机工作十不准"； 2. 采取必要的安全防护措施； 3. 设置警戒人员，放置警告牌		
编写/修订		审核	批准
日期		日期	日期
工具/设备/耗材						

类别	名称	规格型号	单位	数量	工作者	检查者
工具	一字解刀		把	1		

（续表）

设备	无					
耗材	无					
1. 工作任务					工作者	检查者
按线路检查直升机，记录检查情况						
2. 工作准备					工作者	检查者
（1）准备好工具、设备、耗材； （2）准备好防护设备，安排警戒人员； （3）选择有效的技术文件						
3. 工作内容					工作者	检查者
工作步骤			工作记录			
（1）查阅手册，找出按线路检查直升机内容对应的章节和页码						
（2）站位1发动机右舱：发动机舱整流罩锁扣开、关灵活；中央防火隔板不应有裂纹和变形、严重压坑或损伤；进气道无压坑、裂纹和铆钉松动；尾喷管无裂纹、烧伤和变形；滑油散热器壳体、蜂窝结构无裂纹和损伤等						

（续表）

工作步骤	工作记录		
（3）主减速器右侧：整流罩开、关灵活，无机械损伤；支架无裂纹、无机械损伤、保险完好；壳体无裂纹，各附件固定可靠，接合处无渗油；操纵拉杆、摇臂及固定座无裂纹、变形连接可靠，保险及搭铁线完好；尾桨操纵钢索无断丝、锈蚀，与扇形轮的连接正确可靠，保险完好；导向滑轮转动灵活，无裂纹、无偏磨；灭火系统各附件、导管的固定、保险应牢靠			
（4）…			
（5）…			
4. 结束工作	工作者		检查者
（1）清点工具； （2）恢复直升机，盖上蒙布，系好系留； （3）归还工具并做好登记			

2.3　直升机的水平测量

直升机在使用、维护过程中，由于特殊原因会产生机体变形。如在过载飞行或粗暴着陆之后，直升机结构的单个构件可能出现残余应变，即可能产生变形。这种变形对直升机的下次飞行有很大的安全隐患，因此必须对经历了不正常使用或维护的直升机进行水平测量，进而对直升机实施必要的修理。

直升机通常在下述情况下需要进行水平测量：

（1）直升机在进行大修前后；

（2）直升机遭到严重损伤；

（3）直升机更换较大部件；

（4）直升机在过载飞行后；

（5）武装直升机在校靶时；

（6）怀疑直升机机体变形时。

2.3.1　水平测量所需仪器设备

不同型号的直升机在水平测量时使用的工具、设备、仪器略有不同，在进行水平测量时，应参考相应机型的维护手册进行准备。下面仅以米系列直升机的水平测量为例进行说明。

2.3.1.1　千斤顶

千斤顶用来将直升机顶起，并调整直升机纵横轴线处于水平状态。顶起米系列直升机需要四个液压式千斤顶，使用前应检查千斤顶的状态，并注意以下几点：

（1）使用前必须检查各部分是否正常，主要检查活塞、接头等处是否漏油。

（2）新的或久置的液压千斤顶，因液压缸内存有较多空气，故在开始使用时，活塞杆可能出现微小的突跳现象，可将液压千斤顶空载往复运动2~3次，以排除腔内的空气。

（3）使用时应严格遵守主要参数中的规定，切忌超高超载，否则当起重高度或起重吨位超过规定时，液压缸顶部会发生严重的漏油现象。

（4）如手动液压泵中的油量不足时，须先向泵中加入已经充分过滤后的液压油才能工作。

（5）千斤顶底面要垫平，同时要考虑到地面软硬条件，在软地面上要衬垫坚韧的木材，放置要平稳，以免负重下陷或倾斜。

（6）多个千斤顶同时起重，除应正确安放千斤顶外，还应注意每个千斤顶的负荷应均衡，注意保持起升速度同步，防止直升机产生倾斜而发生危险。起升时，应同时跟进保险，防止千斤顶突然落下，使装备、人员受到损伤。

（7）使用千斤顶时，先将液压缸放置好，再将液压泵上的放油螺钉旋紧，即可工作。欲使活塞杆下降，应先将保险螺母升至顶部，然后将手动液压泵卸荷阀门按逆时针方向微微旋松，液压缸卸荷，活塞杆即逐渐下降，否则下降速度过快将产生危险。

（8）因千斤顶起重行程较小，使用时不得超过额定行程，以免损坏千斤顶。

（9）使用过程中应避免千斤顶剧烈振动。

2.3.1.2　水准仪

水准仪是用于直升机水平测量的主要仪器。水准仪的作用主要是提供一个基准水平面，并在直升机水平测量过程中读取悬挂在各个测量点的水平测量尺（卷尺）的数值，以确保直升机顶水平，能准确地测量出直升机竖直方向上的变形量。因此，需要首先调整水准仪至水平状态。

（1）水准仪的组成

水准仪主要由望远镜、调整机构、水准器、底座等部分组成，如图2-2所示。望远镜安装在底座上，可在底座平面上转动。调整机构用来将望远镜底座调整到水平位置。水准管和圆形水准器用来判断望远镜和底座是否水平。

①望远镜

望远镜的作用是观看标尺，测出读数。它主要由安装在壳体内的物镜、调焦透镜、十字网（见图2-3）和目镜等组成。

物镜由凸透镜和凹透镜组成，用两块或三块透镜的目的主要是消除像差，使物体在镜筒内所成的像清晰明朗。物镜固定在壳体的前端。

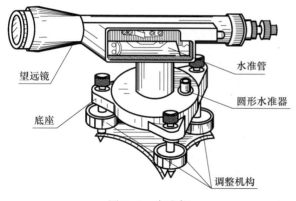

图 2-2　水准仪

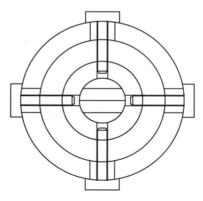

图 2-3　望远镜十字网

　　调焦透镜为一凹透镜，固定在调焦筒内，转动调焦螺丝，就可以前后移动调焦透镜，使远近不同的目标物构成的像清楚地落在十字网上。

　　十字网是带有十字丝的玻璃片，安装在十字网环上，由四个螺钉固定在望远镜壳体上。十字网的垂直线用来校正标尺的垂直度；十字网的水平线，中间线条用来判断尺上的刻度值，上、下两线条用来测量距离，通常称为视距丝。

　　目镜的功用是把映在十字网上的像放大。为了消除像差，目镜通常由两块凸透镜组成，两镜片间保持一定距离，固定在镜筒内，镜筒可以在壳体内转动，如果十字网看不清楚，可以转动镜筒。

　　②水准器

　　水准器包括圆形水准器和水准管，用来判断底座和望远镜是否水平。

　　圆形水准器固定在水准仪的底座上，主要用于粗略调平。圆形水准器是将一圆柱形的玻璃盒，装嵌在金属框内。玻璃盒内装满重量轻且易流动的液体，如酒精或乙醚，加热后液体膨胀流出一部分，然后将开口端封住。待液体冷却收缩后，盒内形成圆形气泡。玻璃盒的内顶面磨成圆球面，其半径为 0.5~2m。在玻璃盒顶面上画有2~4 个同心圆，其圆心为水准器的零点。零点和球面的球心连成的直线称为圆形水准器的轴线。当气泡处于同心圆的中央，圆形水准器的轴线即呈垂直状态，这时水准仪的底座就处于水平位置。

　　水准管用热膨胀性能较稳定的硬玻璃制成，它的纵面方向内表面具有一定半径的圆弧，其圆弧半径为 8~100m。将一端封闭，由另一端加入酒精或乙醚，加热进行密封，液体冷却收缩，管内形成气泡。

　　为了保护水准管，往往将它安装在开口的金属管内，并用石膏固定。水准管内表面的中点为水准管的零点，在零点与圆弧相切的切线为水准管的水准轴线。根据气泡在管内占有最高位置的特点，当气泡中点位于管子的零点位置时，水准轴线在水平位置。

　　（2）水准仪的调整

　　所有水准仪，在底座上都有三个升降螺丝，转动升降螺丝，可使底座与望远镜同时做俯仰转动。有的水准仪，除底座上有三个升降螺丝，可使底座与望远镜同时做俯仰转动以外，水准仪上还有一个微动螺丝，它可使望远镜单独做俯仰转动。

只有升降螺丝而没有微动螺丝的水准仪，称为不带微调装置的水准仪；既有升降螺丝又有微动螺丝的水准仪，称为带微调装置的水准仪。这两种水准仪的调整机构不同，它们的调整方法也就不同。

①不带微调装置水准仪的调整

为了便于调整，调整前，应将水准仪的三个升降螺丝拧在中间位置，把水准仪安装在支架上，并适当地移动支架的三条腿，使圆形水准器的气泡不致偏离过多，然后再进行调整。调整的步骤是：第一步，转动升降螺丝，使圆形水准器的气泡处于中央位置；第二步，转动望远镜，使其轴线平行于任意两个升降螺丝的连线，并旋转这两个升降螺丝，使水准管的气泡处于中间位置；第三步，将望远镜旋转90°，转动第三个升降螺丝，将水准管调至水平。通过上述调整后，望远镜转至任何方向，水准管都应水平。通过望远镜看出去的线，也就是基准水平线。

如果转动望远镜至任何位置后，水准管的水泡偏离中间位置，其原因有两种：一种是调整不准确，需要按照前述的第二、第三步骤重新调整；另一种是水准仪有故障，一般来说，是由于望远镜轴线与水准管的水准轴线不平行的缘故，这时需要对水准仪进行校验。

②带微调装置水准仪的调整

带微调装置的水准仪，除用底座上的三个升降螺丝进行调整外，还需用望远镜和旋转座之间的微调装置进行调整。

微调装置主要由微动螺丝、摇臂、弹簧片和弹簧板等组成。弹簧板装在望远镜和旋转座之间，一端固定在望远镜的目镜附近，一端固定在旋转座的中部，弹簧板使望远镜、摇臂和微动螺丝之间彼此靠紧。当顺时针转动微动螺丝，摇臂就会绕支点转动，摇臂的左端上顶望远镜，使望远镜带动弹簧板绕弹簧片做微量的转动。这时，望远镜目镜一端向上，物镜一端向下。当逆时针转动微动螺丝，望远镜目镜一端向下移动，使摇臂反方向转动。这时，望远镜目镜一端向下，物镜一端向上。带微调装置水准仪的调整方法如下：第一步，用三个升降螺丝将圆形水准器的气泡调至中央位置；第二步，转动望远镜，使它的轴线平行于任意两个升降螺丝的连线，旋转微动螺丝，将水准管调至水平，而后将望远镜旋转180°，如果水准管的气泡偏离中间位置，应分别用第一和第二两个升降螺丝和微动螺丝各调偏离值的一半，使水准管调至水平；第三步，将望远镜旋转90°，调整第三个升降螺丝，使水准管水平。按上述第二、第三步骤反复调整，直到望远镜转至任何位置，水准管都处于水平状态。

带微调装置水准仪的调整方法和不带微调装置水准仪相比，第一和第三步骤是相同的，第二步骤是不同的。下面着重研究带微调装置水准仪调整方法的不同点。

对于带微调装置的水准仪，当水准仪望远镜的轴线在平行第一和第二升降螺丝的位置调至水平时，旋转座和底座可能并不水平，旋转座轴线和望远镜轴线之间有一夹

角 θ，旋转座轴线与水平线之间也存在一夹角 θ，这两个 θ 角互为内错角，如图2-4（a）所示。这种情况下，望远镜的轴线是在水平位置的，当望远镜旋转180°，旋转座和望远镜一起转动，这时两个夹角 θ 彼此相加，如图 2-4（b）所示，使望远镜轴线不在水平位置。为了消除这两个夹角，在望远镜旋转180°后，应用微动螺丝调整水准管偏差的一半，消除望远镜轴线和旋转座轴线间的夹角 θ，用第一或第二升降螺丝调整水准管偏差的另一半，消除旋转座轴线和水平线间的夹角 θ，这样，望远镜的轴线和旋转座的轴线才会平行于水平线。

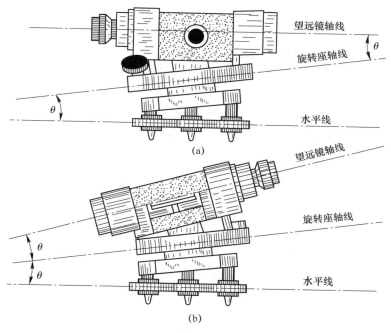

图 2-4　水准仪的调整机构

2.3.1.3　测量工具

应备齐水平测量尺（可用卷尺代替）、铅锤、拉线、金属测量尺、测角器、象限仪、塞尺等测量工具。水平测量尺用于调平直升机的纵横轴线；拉线与铅锤配合，用于确定直升机的纵轴线；铅锤悬挂于水平测量点，用于检查机身各段对接的正确性；其他测量工具用于检查主减速器、尾减速器、尾轴、水平安定面等部件的安装情况。

2.3.2　水平测量的基本方法

直升机的水平测量通常采用水平视线测量法。调整水准仪，使望远镜的轴线在水平位置，从望远镜中得到一条基准水平视线。当直升机的纵轴和横轴处于水平状态时，得到一个水平基准面。此时水准仪的基准水平视线与直升机的水平基准面平行。将水平测量尺顶到测量点中心，使之自然下垂，通过望远镜观察标尺上的刻度值，该值为测量点至基准水平视线的垂直距离。

2.3.2.1　直升机水平测量前的准备工作

在进行直升机水平测量前，要进行一系列的准备工作。

（1）场地与直升机的准备

直升机水平测量工作应在机库或者封闭式的房子里面进行，在特殊情况下也可以在野外完成，但是测量场地必须避风平整、土质坚硬以防止在测量过程中测量工具晃动和直升机位置发生变化，产生测量误差。如果有风，直升机应逆风停放并且风速不得大于5m/s；如果土质松软，可在千斤顶下面放置硬板，以弥补土质硬度不足的缺陷。

为了保持顶起的直升机的结构刚度，减少直升机顶起后产生的结构变形，缩小测量误差，在直升机顶起前，应拆下旋翼桨叶，放掉燃油、滑油和液压油，卸下货物，机组人员离开直升机，以消除这些重量引起机体各部分的变形。另外，还要装好受力的各种活动口盖，关好舱门和整流罩，以防止该处结构刚度降低。

（2）悬挂标尺、铅锤，确定纵轴线

米系列直升机在机身上共有四个水平测量点，分别为"5"点、"7"点、"10"点、"11"点，其中"7"点和"11"点在机身左侧（见图2-5），"5"点和"10"点在机身右侧与"7"点和"11"点对称位置，四个水平测量点的标志是在圆头铆钉的凹槽涂有红漆。将水平测量尺（无水平测量尺可用卷尺代替）悬挂于水平测量点处，保证尺的零点或相同刻度对准水平测量点。

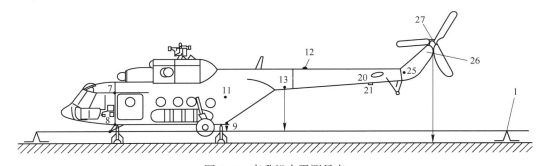

图2-5　直升机水平测量点

用合适规格的螺钉拧在"8""9""13""26"四个水平测量点上（"8""9""13""26"点的位置见图2-5），并在螺钉上悬挂铅锤；将两个台架（或轮挡）安装在直升机前面和后面，在直升机下方沿台架拉一条绳子。从水平测量点"8""13"处放下的铅锤尖应落在绳子上。

（3）安装与调整水准仪

水准仪放置的位置，应能保证通过水准仪上的望远镜能够清楚地看到放在水准测量点"5""7""10""11"上的水平测量尺的刻度。根据经验，水准仪一般安放在机身左后方，距机身13号隔框5~6m的位置较为合适（见图2-6）。机身上4个测量点所垂下的水平测量尺如被千斤顶等挡住，应移动水准仪的位置，直到所有标尺能被清楚地看到为止。水准仪一般就地放置，不要垫得很高，以免将直升机顶得过高，甚至千斥顶顶起到最大行程后仍不能够看到机身右侧"5"点和"10"点的水平测量尺。

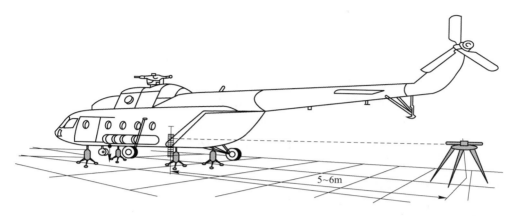

图 2-6　水平测量时水准仪的位置

　　水准仪安放好后，按照前述方法将水准仪调至水平状态，由专人负责通过水准仪读取水平测量尺（卷尺）的读数并进行记录。

2.3.2.2　顶起直升机

　　用 4 个千斤顶顶起直升机，使机轮完全离开地面。顶起直升机的步骤如下：

　　（1）取下液压千斤顶上的蒙布，将它们放在中机身 1 号隔框和 13 号隔框处的千斤顶座的下方，向下拧定位螺钉直到不动为止，把液压千斤顶放在底座正下方。

　　（2）关上液压千斤顶上的卸荷阀门。

　　（3）用手摇泵的手柄，将定位螺钉的球形头部朝着机身上的顶座移动，移动至距顶座 50~80mm。

　　（4）停止摇泵的手柄，用手拧定位螺钉，直到螺钉球形头部插入到机身上的顶座底部为止。

　　（5）启动所有 4 个千斤顶的手摇泵，平衡地顶起直升机，使所有的轮子都能同时离开地面。

　　（6）每向上顶起 50~80mm，就向下旋转保险螺母直到转不动为止。

　　（7）当机轮与地面之间的距离为 60~70mm 时，停止顶直升机。

　　（8）在将直升机顶到预定高度后，将升降杆上的保险螺母拧到底。

2.3.2.3　直升机水平状态的检查与调整

　　直升机各测量点间的相互关系，是在直升机的纵轴和横轴处于水平状态下（也称直升机的纵横水平）确定的。因此，在对直升机各部分进行水平测量前，必须调整好直升机的纵横水平。

　　直升机是否处于纵横水平状态，是通过"5""7""10""11"测量点来判断的。通过水准仪，可以读出四个水平测量尺上的数值，通过调整千斤顶，将 4 个测量点的读数调整一致。允许 4 个水平测量点中的 1 个有 ±2mm 的误差。

　　此外，直升机水平测量还可以采用另一种方法进行：在没有水准仪、专用尺和水平测量点情况下，为将直升机调整到水平位置，将铅锤装在距 2 号隔框轴线左侧（沿飞行方向）40mm 的滑动门门口处。使用液压千斤顶水平顶起直升机，直到铅锤尖与货舱地板上的水平测量点中心重合。这种水平测量方法适合在野外条件下使用。

2.3.2.4　直升机轴线及各部件安装正确性的检查

在做好水平测量前的准备工作并将直升机调整到水平状态后，我们就要对直升机的轴线及各部件安装的正确性进行检查。但是在检查之前，应当明确直升机的水平测量部位。水平测量时可对下列直升机结构进行检查：尾梁和尾斜梁之间的对接以及尾梁与机身中部的对接；主减速器和尾减速器的安装情况；带固定支撑的尾轴的安装情况；水平安定面的安装情况；起落架的安装情况；仪表板的安装情况。

在了解了直升机的水平测量部位之后，我们就对直升机轴线及各部件安装正确性的检查进行具体的介绍。

（1）直升机机体纵轴线的检查

直升机在长期使用之后，当认为有必要对直升机进行水平测量时，我们首先要检查直升机的机体纵轴线（见图 2-7）。因为机体纵轴线决定直升机各段的接合情况，而直升机各段的接合情况在很大程度上影响着直升机的飞行性能，是影响飞行安全的重要因素。

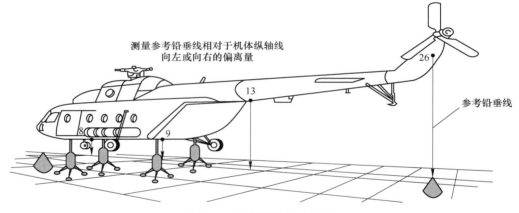

图 2-7　机体纵轴线的检查

在准备工作中，沿台架所拉的直线即为直升机纵轴线，测量点 "9" 处的铅锤偏离轴线的距离不得超过 ±2mm，测量点 "26" 处的铅锤偏离轴线的距离不得超过 ±30mm。若铅锤刚好落在绳子的上方，则说明直升机各段的接合情况良好；否则，说明直升机实际的机体纵轴线出现了变形。

（2）尾梁与尾斜梁高低偏差的测量

尾梁与尾斜梁在使用过程中往往会出现下沉现象。针对这种现象，可以通过测量尾梁和尾斜梁的高度来证实。测量工具为水准仪和金属测量尺。

为测定尾梁与尾斜梁的高低偏差，把金属卷尺的零刻度放在测量点 "25" 上（测量点 "25" 的位置见图 2-5），金属尺壳体向下放，使尺带垂直，但壳体不要接触地面，如图 2-8 所示。将水准仪镜筒对准金属尺的刻度，读出测量点 "25" 到水准仪望远镜基准水平视线的距离，即望远镜基准水平视线所对应的测量尺的刻度。从得到的数据里减去基准尺寸（基准尺寸是按测量点 "5" "7" "10" "11" 将直升机调整到水平时用水准仪在标尺上读取的尺寸），即得出尾梁测量点到直升机构造水平线的高度，应在 1217^{+20}_{-35}mm 范围内。在使用过程中，允许机身基准水平线上方的水准测量点 "25" 的高度比直升机组装时测定并记录在履历本水准测量图中的尺寸低 20mm，但基准水平线上方水准测量点 "25" 的高度不应低于 1165mm，并且要保证传动轴的下垂值在规定范围内。

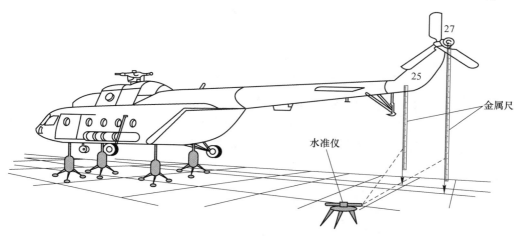

图 2-8　尾梁与尾斜梁高低偏差的测量

完成了对点 "25" 的高度测量之后，需要检查点 "27" 的高度。为此，取下尾减速器右侧（飞行方向，米-8 直升机的点 "27" 在尾减速器左侧）的盖子，将一个六角螺母装到尾减速器的蜗杆轴上。用铅笔在六角螺母上画出两条对角线，用以确定尾减速器轴的中心点，以这一点为零点，悬挂标尺，测量出这一点到望远镜基准水平视线的距离。用得到的这个数值减去尾梁测量点 "25" 到水准仪望远镜基准水平视线的距离，即得出尾减速器中心点 "27" 到尾梁测量点 "25" 的距离，检查数据应在 1566^{+3}_{-12}mm 范围内。

（3）水平安定面对称性的检查

水平安定面对称性检查的目的在于检查水平安定面的安装是否正确以及有无变形和偏斜。检查的方法是：用测量尺量出尾梁上部测量点 "12" 分别到水平安定面端部的点 "20" 和 "21" 的距离，再将所测得的数值相减，检查其差值应不大于 ±20mm，如图 2-9 所示。

（4）起落架对称性的检查

通过对起落架对称性的检查可以判断出主起落架和前起落架的安装是否正确以及有无变形。

①主起落架对称性

主起落架对称性是通过对主起落架缓冲支柱下部固定螺栓中心的水平位置的测量

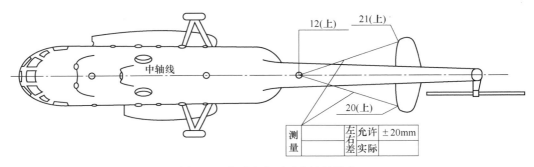

图 2-9　水平安定面对称性的检查

来反映的，如图 2-10 所示。测量时要利用水平测量尺来进行，具体的步骤是：

a. 测量。在左、右主起落架缓冲支柱下部固定螺栓的中心处各悬挂一水平测量尺，通过水准仪读出水平测量尺的读数，即该点到水准仪望远镜基准水平视线的距离。

b. 计算。用得到的两个数值分别减去望远镜基准水平视线到中机身测量点的距离，即得出左、右主起落架测量点到直升机构造水平线的距离。检查两者之差不应超过±20mm。

②主起落架轮距的测量

测量主起落架缓冲支柱下部固定螺栓中心到机身纵轴线的距离，如图 2-10 所示，这一测量值应为（2022±13）mm。

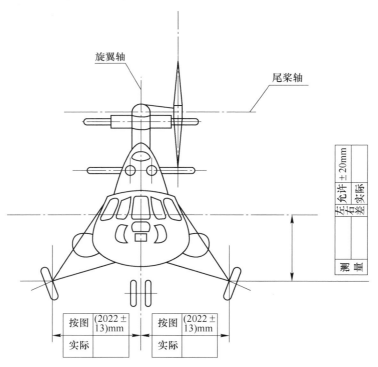

图 2-10　主起落架水平及轮距的测量

③前机轮与两主机轮间距离的测量

这部分是指测量主起落架缓冲支柱相对于水平测量点"8"的距离，如图 2-11 所示，即用测量尺分别量出从左、右主起落架缓冲支柱下部固定螺栓中心到水平测量点"8"的距离，两数值的差不应超过±20mm。

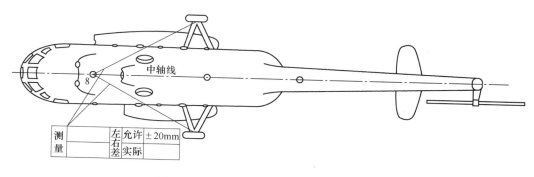

图 2-11　前机轮与两主机轮间距离的测量

（5）主减速器安装角的检查

主减速器安装角的检查如图 2-12 所示，是指测量主减速器的轴线倾角，其检查的目的在于检查主减速器和主减支架的安装是否正确。

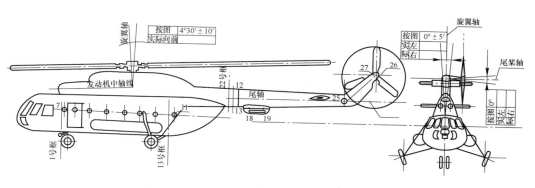

图 2-12　主减速器及尾减速器安装角的检查

具体方法是：首先拆下主减速器轴上的集流环保护罩，装上专用平台；然后将一个象限仪安装在主旋翼轴的端部；接着用象限仪在纵向和横向上检查主减速器的轴线倾角。主减速器轴线的前倾角应为 $4°30' \pm 10'$，横向倾角应为 $0° \pm 5'$。

（6）尾减速器轴线的检查

尾减速器轴线检查（见图 2-12）的目的在于判断尾减速器在尾斜梁上的安装是否正确，因此尾减速器轴线的检查又可以称作尾减速器安装角的测量。

检查的步骤是：先将尾桨桨叶与尾桨毂拆下，然后将测角器安装在固定尾桨毂的固定座上，检查此时测角器的指示值，正常时应为 $0°^{+50'}_{-1°}$，即尾减速器的安装角正常时是 $0°^{+50'}_{-1°}$。

41

（7）发动机与主减速器同轴度的检查

该项检查（见图2-13）的具体步骤是：

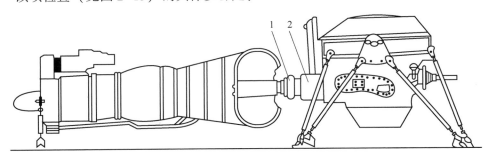

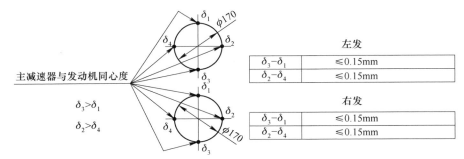

左发	
$\delta_3 - \delta_1$	≤0.15mm
$\delta_2 - \delta_4$	≤0.15mm

右发	
$\delta_3 - \delta_1$	≤0.15mm
$\delta_2 - \delta_4$	≤0.15mm

图2-13　发动机与主减速器同轴度的检查

1—球面盖；2—主减速器壳体轴颈

①从发动机上拆下排气管。

②在各同轴度检查点处用塞尺（千分垫）测量球面盖"1"的安装盘与主减速器壳体轴颈"2"之间的尺寸。其中对应一台发动机的检查点共有四个，分别为δ_1、δ_2、δ_3、δ_4。

③检查上述相对检查点的测量值之间的差值不应超过0.15mm，否则同轴度不符合规定。

直升机的水平测量数据需要符合直升机设计状态所规定的数据，同时应符合为安装和调整各组件和装备而设计的图样里的数据；它们还应符合直升机第一次出厂水平测量时所做的水平测量简图里记录的实际测量尺寸。

2.3.3　水平测量的注意事项

水平测量是一项精细的工作，它要求操作者须认真对待每一个工作环节。在水平测量工作中，有几个地方很值得注意。

2.3.3.1　千斤顶的使用

我们在使用千斤顶的过程中，要注意以下几点：

（1）在顶起直升机前一定要检查千斤顶是否完好。

（2）顶起前要确保千斤顶放在规定位置。

（3）在顶起的过程中，直升机下不可站人。

（4）顶起后要再一次检查千斤顶是否锁好，防止直升机突然下坠。

（5）放下直升机时，各点应协同一致，否则可能导致直升机不平衡甚至倾倒。

2.3.3.2　水准仪的使用

在使用水准仪时，要特别注意以下几点：

（1）在调平完毕后，不管水准仪是放在三脚架上还是放在垫板上，都要注意不可碰撞水准仪，哪怕是很微小的碰撞都会使水准仪失去原来的水平状态，造成之前的测量数据作废，必须再占用大量的时间重新调平水准仪。

（2）在测量过程中读数时，只能用眼睛看望远镜的镜头，切不可一只手扶着水准仪进行读数。

（3）在测量过程中或结束后，清理望远镜镜头上的杂物时，不可直接用手擦拭镜头，应用纯棉的抹布擦拭镜头。

（4）在使用结束后，要盖好水准仪的镜头盖。

2.3.3.3　数据的记录

在记录数据时，要测量一项记录一项。测量之前就要列好表格，测量时应将数据填入表格上的相应空格中。

另外在直升机水平测量过程中还有很多方面值得注意，比如，在清点工具时，要对照测量前所列的工具清单，一件一件清点，不可遗漏任何工具；在测量过程中不能将工具直接放在直升机的蒙皮上，以免损坏蒙皮；在攀登直升机时，要注意踩踏的方法，严格遵守直升机维护手册上的规定，且测量后应将直升机复位。

实习科目二：直升机水平测量

实习要求：仔细阅读上述内容，同时查阅米系列直升机的修理手册、维护手册，完善下表，并按照表的内容进行直升机水平测量，记录水平测量数据。也可根据实际情况，进行其他机型的检查，查询相关机型的维护、修理手册，并填写下表，按表进行操作。

×××学院	直升机结构修理课程实训任务工卡		卡号：JGXL-02
工卡标题	直升机水平测量		
机型	米-17B-5	工作区域	
版本		学时	
参考资料	米-17B-5 直升机修理手册、维护手册		
注意事项	1. 工作前认真阅读修理手册和维护手册； 2. 确保千斤顶能够正常使用，注意人员之间的协调配合； 3. 设置警戒人员，放置警告牌		

（续表）

编写/修订		审核		批准	
日期		日期		日期	

工具/设备/耗材						
类别	名称	规格型号	单位	数量	工作者	检查者
工具	液压千斤顶		个	4		
	水准仪		台	1		
	…					
	…					
	…					
设备	…					
耗材	…					

1. 工作任务	工作者	检查者
进行直升机水平测量，记录测量数据		

2. 工作准备	工作者	检查者
（1）准备好工具、设备、耗材； （2）准备好防护设备，安排警戒人员； （3）选择有效的技术文件； （4）选择好场地，直升机拆下旋翼，卸载货物，放掉燃油、滑油和液压油		

3. 工作内容	工作者	检查者

工作步骤	工作记录	
（1）悬挂标尺和铅锤，确定纵轴线		
（2）安放好水准仪并调整水平		
（3）检查千斤顶状态，并推至顶窝下		
（4）顶起直升机至机轮离地		
（5）调整直升机至水平状态		

（续表）

工作步骤	工作记录		
（6）…			
（7）…			
（8）…			
4. 结束工作	工作者		检查者
（1）清点工具； （2）恢复直升机，盖上蒙布，系好系留； （3）归还工具并做好登记			

2.4　直升机结构一般损伤的检查

2.4.1　损伤的基本类型

2.4.1.1　按损伤程度分类

直升机结构的损伤，按损伤程度可以分为三类。

（1）可允许损伤

可允许损伤是指不需要做任何修理或仅做简单修理的损伤，如轻微的变形、划伤和擦伤等。

（2）可修理损伤

可修理损伤是指结构损伤较严重，并且能够进行修理的损伤。

（3）不可修理损伤

结构损伤严重，已不能修复，或者进行修理在经济上不合算，在这种情况下需要局部或整体更换损伤件，达到排除故障的目的。这种损伤称为不可修理损伤。

2.4.1.2　按损伤原因分类

（1）直升机正常使用所造成的损伤

直升机在正常使用过程中产生的损伤主要包括：交变载荷引起的疲劳损伤、使用环境所造成的腐蚀损伤和结构设计不合理、制造工艺粗糙而产生的损伤等。这类损伤在日常修理工作中占有很大比例。此类损伤具有以下规律：

①承受冲击载荷的机件出现裂纹和断裂的情况最多，承受交变载荷的机件出现的裂纹、断裂和紧固件松动的情况比承受静载荷件多。承受集中载荷的主要承力件，最易出现裂纹。结构件上的孔、开口、尖锐的缺口、半径很小的圆角、截面形状突然变化等应力集中部位，是裂纹的发源地。

②承受往复载荷的镁合金件裂纹最多，铝合金件次之，合金钢件裂纹最少。在铝合金件中，超硬铝件的裂纹多于硬铝件，防锈铝件裂纹较少。

③焊接件裂纹多于铸件，铸件多于钣金件，钣金件多于机加工件。

（2）直升机非正常使用、维护所造成的损伤

此类损伤是指非正常操纵驾驶、维护不当或飞行中机件突发故障等原因所造成的损伤。这类损伤大多是撞伤、擦伤、烧伤等，机身上较多，其他结构较少。

2.4.2　紧固件的损伤模式与检查

直升机结构件之间常采用铆钉或螺钉（螺栓）连接在一起，这些紧固件长期在交变载荷、腐蚀环境以及振动环境影响下，可能产生松动或损伤。

2.4.2.1　铆钉的损伤与检查

（1）铆钉的受力状态

图 2-14 给出了埋头铆钉的受力状态。当直升机结构件受载荷 p 作用时，铆钉杆与铆钉孔之间产生挤压力 p_1，铆钉头与埋头窝之间产生挤压力 p_2，通常 $p_1 > p_2$。

（2）铆钉连接的静载破坏模式

①剪切破坏

剪切破坏是常见的铆钉破坏形式，表现为铆钉杆的破坏。这种破坏是由于被连接件的相对滑移引起的。如果铆钉杆的承载超出了材料的屈服极限，并且继续超载，则相邻板之间会产生永久性的滑移，使铆钉杆产生折曲。当相对滑移量足够大时，铆钉杆产生剪切破坏。

②挤压破坏

由图 2-14 可知，铆钉头在挤压力 p_2 的作用下，边缘部分容易产生向上的弯曲变形，减弱了承担外载荷的能力，铆钉杆在挤压力 p_1 的作用下，却难以移动。因此，载荷 p 将主要作用在铆钉杆和铆孔上。当蒙皮较薄时，铆孔在挤压力的作用下，容易扩大成椭圆形，造成铆钉松动，产生挤压破坏。

③铆钉头破坏

铆钉头除了受挤压力 p_2 作用外，还要受到相当大的空气动力作用（见图 2-15）。铆钉在复合拉伸应力的作用下，其边缘容易产生弯曲而翘起；对于厚板来说，引起铆钉头撬动的作用力，也可能破坏铆钉头。

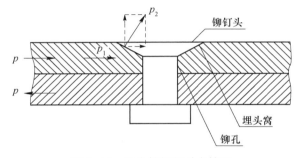

图 2-14　埋头铆钉的受力情况

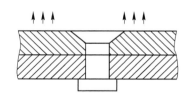

图 2-15　埋头铆钉受空气动力情况

（3）铆钉疲劳损伤与应力腐蚀损伤

铆钉的疲劳损伤是由于承受交变拉应力而产生的。这类损伤通常发生在结构振动环境严重或气动吸力高的部位，损伤形式多为铆钉断裂掉头。

铆钉在受到拉应力和环境的共同作用下发生的变质损伤叫应力腐蚀损伤。这类损伤通常出现在埋头铆钉的头部和镦头部位。铆钉发生疲劳损伤和应力腐蚀损伤后，都会使铆钉松动，降低构件的连接强度。因此，在修理工作中应经常注意检查。

（4）损伤铆钉的检查

损伤铆钉的最明显的特征是在铆孔处发生松动现象。修理时可以根据以下特征确定铆钉是否松动：

①当压动铆钉头旁边的蒙皮时，蒙皮离开铆钉头并形成肉眼可见的明显间隙，说明铆钉已松动。

②铆钉松动后，铆钉头与埋头窝之间将因摩擦而产生金属粉末，这种粉末与污物附在铆钉头与铆孔之间的缝隙内而呈现黑圈；粉末与污物过多时，还会在沿气流方向的后部出现黑色尾迹，如图 2-16 所示。检查时，如果发现铆钉周围有黑圈或黑色尾迹，表明铆钉已松动，同时也表明可能产生腐蚀。

③铆钉头已凸出构件表面，或者发生卷边翘起现象（见图 2-17），则说明铆钉的松动已经很严重了。

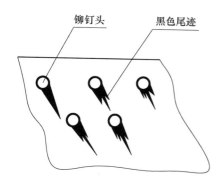

图 2-16　铆钉头后方出现黑色尾迹

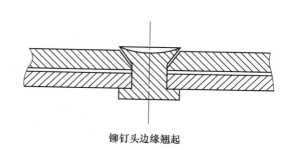

铆钉头边缘翘起

图 2-17　铆钉头边缘翘起

④铆钉头周围的油漆层出现碎裂或裂纹，表明铆钉有可能错动或松动，此时需要进一步检查确认。

⑤一般情况下，铆钉头倾斜或铆钉松动将成群地出现，并且铆钉头多半向同一方向倾斜。如果铆钉头出现倾斜，但不成群地出现，并且不是向同一方向倾斜，那么这种铆钉头倾斜可能是由于铆接质量不高造成的。

2.4.2.2　螺栓的损伤与检查

螺栓或螺钉的静载破坏模式与铆钉的静载破坏模式相同。拧紧后的螺栓或螺钉是靠螺纹之间的摩擦力保持在拧紧状态的。如果在维护和修理过程中，拧得不够紧，螺纹之间的摩擦力就比较小，构件振动时，螺钉就会逐渐松动，甚至脱落。另外，螺钉松动后，被固定的构件就会翘起，使直升机的空气动力性能变差，连接强度下降，并使雨水、尘土等容易进入机体内部，引起内部构件腐蚀。因此，螺钉必须按照规定拧紧。此外，同一构件上的各个螺钉的拧紧度必须一致，否则，紧者容易损伤，松者容易脱落，而且蒙皮也会因受力不均而翘曲。

直升机结构件上的连接螺栓常见的损伤是断裂和裂纹。螺栓通常用于直升机结构的主要承力部位，承受较高的交变应力，因此容易产生疲劳裂纹。同时高强度钢材制成的螺栓对氢脆、镉脆和应力腐蚀都很敏感，如果热处理状态、电镀工艺不当或装配后承受较高的装配轴向拉应力，很容易使螺栓发生氢脆断裂、镉脆断裂或沿晶应力腐蚀裂纹。

在直升机结构维护和修理中，应认真按规定检查螺栓的损伤，发现损伤的螺栓要及时更换。

2.4.3 含裂纹构件的检测

直升机结构件的裂纹，多发生在受力大、撞击剧烈、容易振动和容易受高温影响的部位。构件产生裂纹后，其强度、刚度随之降低，而且由于应力集中的影响，裂纹还会迅速扩大，严重影响飞行安全，可能造成机毁人亡的重大事故。因此，在修理工作中应加强对构件裂纹的检查，及早发现，及时修理。

（1）裂纹的类型和特征

直升机构件的裂纹，按其形式和扩散的原因，可分为疲劳裂纹、应力腐蚀裂纹和腐蚀疲劳裂纹三类，此外，还有振动和意外撞击引起的裂纹。

按照裂纹形态特征分类，裂纹可分为宏观裂纹和微观裂纹两大类。宏观裂纹是指大于用无损检测方法所能探测的最小长度的裂纹，按其形态特征又可分为网状裂纹（或称龟裂纹）、直线状裂纹和弧形裂纹。网状裂纹的特征是呈龟壳网状，一般情况下深度较浅，是一种表面裂纹；直线状裂纹常呈单条分布，这种裂纹一般垂直于结构的主应力，最典型的直线状裂纹是由于发纹、划痕或非金属杂物扩展而成的；弧形裂纹通常沿材料横向单条分布，有一定的角度，呈圆弧形或略呈圆弧形。微观裂纹是指用放大倍数和分辨率优于光学显微镜的方法所能观察到的裂纹，按裂纹扩展途径又可分为沿晶裂纹、穿晶裂纹和混合裂纹三种。

（2）构件裂纹的检测

第一种是肉眼观察或用放大镜进行目视检查，这种方法的优点是简单方便，随时随地可以检查，而且不受被检测材料性质的限制。第二种是敲击检查，即用小木锤、铝锤、铜锤等较软的锤子，轻轻敲击怀疑有裂纹部位，如果声音清脆，说明没有裂纹，可以使用；若声音沉闷或嘶哑，说明有裂纹。第三种是使用专门的探伤设备进行无损检测，它包括射线检测、超声波检测、磁粉检测、涡流检测和渗透检测等。各种检查方法的灵敏度见表2-1。

表 2-1　各种检查方法的灵敏度

无损检测方法	能发现裂纹的最小尺寸/mm		
	裂纹在表面上宽度 s	裂纹在表面上深度 h	裂纹在表面上长度 l
着色探伤	0.001	0.01	0.1
涡流探伤	0.0005	0.2	1.5
超声探伤	0.001	0.1	1
阻抗探伤	—	—	缺陷面积 15mm^2
磁粉探伤	0.001	0.1	0.5
射线探伤			
伦琴射线	0.1	透视厚度的 1%	2
伽马射线	0.15	透视厚度的 2%	3
目视检测法			
目视	0.1	—	2
放大镜	0.01	—	1
显微镜	0.005		0.1

2.4.4　蒙皮鼓动的检查

直升机蒙皮固定在梁、桁、框等构件上，除和这些构件一起承受机件结构的扭矩和弯矩外，还承受着空气动力载荷或其他散布载荷。在这些载荷作用下，如果蒙皮上的应力超过该材料的屈服极限，就会产生永久变形，使蒙皮伸张，形成鼓起或下陷。这种蒙皮如果在交变载荷或冲击载荷作用下，容易时而鼓起，时而下陷，在鼓起与下陷的过程中，常常会发出"咕咚"的响声。这种现象，通常叫作蒙皮鼓动（见图 2-18）。

蒙皮鼓动是蒙皮伸张变形的结果。在修理中一般用按压法检查。用一个大拇指或手掌心按压蒙皮，若蒙皮产生下陷或产生下陷后其他处鼓起，松开手后，蒙皮立即自动弹回（或弹

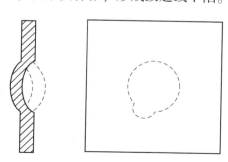

图 2-18　蒙皮鼓动

不回来）并伴有响声，则说明该处蒙皮产生了鼓动。

2.4.5 直升机撞伤的检查

直升机在起飞、着陆以及牵引过程中，由于机件发生故障或操作错误等，可能遭到撞伤。

当直升机撞伤情况不严重时，通常主要是机身下部蒙皮擦坏，隔框、翼肋、桁条等构件产生局部的变形和破裂；当直升机撞伤严重时，不仅会出现上述损伤，而且可能使起落架部位框板严重损坏。

对于强迫着陆直升机的检查，应以机身下部为重点。检查时，应着重检查机身结构是否变形，机身下部结构和主要加强框的损坏情况。

机身结构是否变形，可通过直升机水平测量的方法判断。大梁是否有裂纹，通常用放大镜检查即可发现，也可用磁力探伤机探伤。大梁是否弯曲，可以从与大梁连接的蒙皮和铆钉进行判断，如果蒙皮发皱，铆钉松动较多，表明大梁可能弯曲变形。各加强框下部的变形情况，框板上接头位置是否改变，加强型材是否损坏等，可用直升机水平测量及目视观察等方法检查。至于其他的框、肋、桁条和蒙皮的损伤，通过细心查看，即可判断。

机身承力框与起落架连接的检查，可以通过与机身连接接头的情况判断。首先检查强度、刚度较小的前接头是否有变形、裂纹或拉断，用磁力探伤法检查钢质零件是否有裂纹，用目视或借助其他工具检查接头及其周围的变形情况。

2.4.6 直升机烧伤的检查

直升机的烧伤通常是由于导线短路、接头漏油或油料导管爆破遇到高温而引起的，另外，雷击、地面设备设施起火等意外情况也可能造成直升机结构的烧伤。直升机在烧伤过程中，由于各部位所受到的温度不同，烧伤的程度也不一样。检查的目的，就是要划分未烧伤、轻微烧伤和严重烧伤的区域与范围，根据其烧伤程度，分别采用不同的修理方法。

（1）烧伤区域的划分

直升机各部位烧伤的轻重程度决定于该部位所承受温度的高低，为此，有必要分析一下各部位在各种不同温度的影响下，材料的硬度、强度降低的情况，以便正确地划分未烧伤区、轻微烧伤区和严重烧伤区。

以淬火硬铝构件组成的机体结构来说，如果机体某部位在烧伤中所处的温度在250℃以下，结构冷却后，材料组织将产生回归现象，材料的硬度、强度基本保持不变，这样的部位通常称为未烧伤区（见图2-19虚线左边），不需要修理。

如果机体某部位在烧伤中所处的温度在250～510℃之间，淬火硬铝内部过饱和固溶体中的铜原子将逐渐析出，使材料的组织发生变化，材料的硬度、强度将随之降低，这样的部位通常称为轻微烧伤区，需要进行加强修理。

如果机体某部位在烧伤中所处的温度在 510℃ 以上，这就接近或超过淬火硬铝的熔化温度，材料内部的晶粒将迅速增大，并开始熔化，材料的硬度、强度将大大降低，这样的部位通常称为严重烧伤区，其构件必须全部更换。

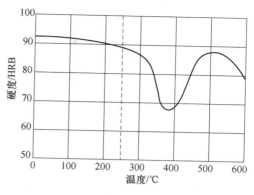

图 2-19　温度对 LY2C 硬铝的影响

（2）烧伤范围的确定

检查直升机的烧伤情况时，首要任务是确定轻微烧伤区与严重烧伤区以及未烧伤区的分界线。由于严重烧伤区存在着起泡、变形、裂纹或烧熔等特征，因此，严重烧伤区与轻微烧伤区的分界线容易判断，而轻微烧伤区与未烧伤区的分界线往往需要通过以下方法进行确定。

①色泽比较法

根据试验，漆层的颜色在温度升高时将发生变化。当温度在 200℃ 以下时，颜色基本不变；温度升高到 200℃ 以后，变为柠檬色；250℃ 以后转为金黄色，继而焦黄；到 400℃ 时漆层开始烧毁。因此，从漆层由柠檬色转入金黄色的分界线，即为 250℃ 线，可以大致划定轻微烧伤区与未烧伤区的界线。

对于涂有黄色底漆和经黄色阳极化的铝合金，受热后颜色的变化基本也是如此，但各温度下的颜色相应暗一些。

②硬度测定法

色泽比较法虽然能迅速划出轻微烧伤区与未烧伤区的大致界线，但是，漆层的颜色变化是逐渐过渡的，再加上其他因素的影响，往往难以准确判断。因此，还必须通过测定硬度的方法确定。

测量硬度时，可选用便携式硬度计或锤击式布氏硬度计进行测量。首先在根据色泽比较划出的界线的 A 处（见图 2-20）进行测量，如果该处的硬度符合规定，说明该处的硬度没有降低，根据颜色变化划出的界线 ABCD 是正确的。如果硬度低于规定，说明根据颜色变化划出的界线有出入，这时，需要在 A 以外的 E 点处重新测定硬度，如硬度符合要求，则根据 E 点重新划定轻微烧伤区与未烧伤区的界线。

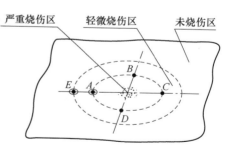

图 2-20　蒙皮烧伤的检查

如果仍不符合要求，还须继续向外测定硬度，直到找出轻微烧伤区与未烧伤区的界线为止。

LY12 材料的洛氏硬度为 HRB56，相当于抗拉性强度为 3.92×10^8 Pa；LC4 材料的洛氏硬度为 HRB80，相当于抗拉强度为 5.10×10^8 Pa。小于这个数值时，就应该加强修理或者更换新件。

（3）确定烧伤范围时应注意的一些问题

试片硬度的测定，须在直升机烧伤 72h 以后进行。这是因为淬火硬铝在烧伤后，内部组织处在不稳定状态，开始阶段，材料的硬度、强度又逐渐提高，经过 72h 以后，内部组织才能稳定。这时，做硬度检测才能准确。

在划定烧伤区域时，应考虑直升机是在空中燃烧，还是在地面燃烧。空中燃烧，散热条件好，热影响区就小；地面燃烧，散热条件差，热影响区就大。如果燃烧的部位具有内、外两层蒙皮，由于夹层间的空气具有隔热作用，在划定内、外蒙皮的烧伤范围时，应有所区别。

燃烧时间的长短对烧伤区域的判断也有影响。在相同温度条件下，受热的时间长，颜色会变得深一些，强度也会降低得多一些。

在划定四号超硬铝（LC4）的烧伤区域时，应特别慎重。一方面四号超硬铝的构件，在直升机上承受着较大的载荷；另一方面，四号超硬铝对热的影响很敏感，在受热温度超过 250℃（见图 2-21 中虚线右侧）以后，硬度、强度迅速下降。

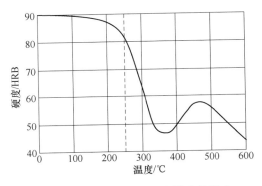

图 2-21 温度对 LC4 硬度影响的影响

对于烧伤直升机框、桁、梁的处理是这样的：如果它们的材料与蒙皮相同，则可按蒙皮烧伤的程度处理；如果材料与蒙皮不同，应区别对待。在机体结构具有内、外两层蒙皮的部位，隔框与内蒙皮相连，一般认为隔框的烧伤程度与内蒙皮相同；桁、梁的烧伤程度与连接它的蒙皮相同。

第3章 直升机金属材料结构修理

直升机结构材料通常是指用于制造机身、旋翼、水平尾翼、垂直尾翼、起落架、整流罩等结构零件的材料，按其化学成分，又可分为金属材料、无机非金属材料、高分子材料、复合材料等。随着材料技术的不断发展进步，先进复合材料的不断出现，复合材料在直升机上的应用越来越广泛，从非承载结构到主要承载结构，都能看到复合材料的身影。但金属材料在大梁、隔框、桁条等结构的制造中依然起着不可替代的作用。目前，直升机结构所用金属材料包括铝合金、钛合金、镁合金、钢等。

铝合金在直升机结构金属材料中的应用最为广泛，其广泛应用固然与铝元素是地壳中含量最高的金属元素，因而资源丰富、价格低廉有很大关系；但铝合金本身具有较高的比强度、断裂韧性和抗应力腐蚀的能力，且加工容易，才是其在直升机结构乃至航空工业中得到广泛应用的主要原因。在直升机金属结构修理过程中，通常采用与损伤部位相同的材料对直升机进行修理。

我国铝合金牌号表示方法在2008年进行了修订，新老牌号表示法差异较大，而2008年以前生产的直升机，其手册中采用了老的铝合金牌号表示法。本书中引用的部分航空工业标准制定于2008年前，因此，部分铝合金牌号采用了老的表示方法。新标准下变形铝及铝合金牌号含义、新老牌号对照及状态号对照可参考附录1~3。

本章主要介绍以变形铝及铝合金为主要材料的直升机蒙皮、桁条、隔框、大梁等结构件的修理方法。

3.1 铆接修理技术

铆接是一种不可拆卸的连接形式。铆接的过程就是把钉杆镦粗，并在钉杆的一头形成镦头，如图3-1所示。直升机蒙皮与隔框、桁条等结构的连接广泛地应用了这

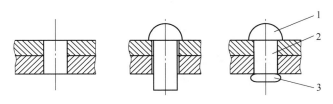

图 3-1 铆接过程

1—铆钉头；2—铆钉杆；3—铆钉镦头

种连接方法。与其他连接形式相比，虽然铆接降低了结构的强度，疲劳性能较差，增加了结构的质量，铆接变形大，手工劳动量的比重大，劳动条件较差，但它的工艺过程简单，连接强度稳定可靠，检查和排除故障容易，能适应于较复杂结构的各种金属及非金属材料之间的连接。因此，目前铆接技术是直升机金属结构修理中采用最为广泛的一种修理技术。

在航空制造领域，为了改善劳动条件、提高生产效率、保证铆接质量，发展了铆接机械化和自动化。一方面广泛应用自动钻铆技术，另一方面还发展和采用通用的、专用的钻孔-锪窝装置、铰孔-锪窝一体化的自动进给钻，使手工风钻钻孔工作量不断减少。为了提高连接的疲劳寿命，适应直升机（飞机）性能和技术要求的不断提高，采用了新型铆钉和新的铆接技术，如环槽铆钉、高抗剪铆钉、抽芯铆钉、钛合金铆钉的铆接和干涉配合铆接，从而使铆接技术在直升机（飞机）制造中得到广泛应用。但在直升机修理中，普通铆接还是应用最为广泛的铆接形式。

采用铆接技术进行直升机结构修理时，一般步骤为：选择铆钉—布置铆钉—制孔（制作埋头窝）—铆接—质量检查。下面按照这一步骤逐一进行介绍。

3.1.1 选择铆钉

直升机修理时，通常应按照修理手册的规定进行铆钉的选用；手册中未规定铆钉型号的，应当选择与修理部位所用铆钉类型、直径、长度相同的铆钉；手册中未规定铆钉型号且修理部位无铆钉时，应当根据连接处的静强度、气动光滑性、腐蚀控制、待修理区域的材料类型和厚度等因素合理选择铆钉。铆钉的选择包括铆钉材料的选择、铆钉直径的选择、铆钉长度的选择和铆钉钉头形状的选择。

3.1.1.1 铆钉钉头形状的选择

直升机修理中使用的铆钉应满足航空标准的要求，常用航标铆钉形状简图、尺寸、极限偏差等参数见表3-1。

表3-1 普通航标铆钉
mm

铆钉名称	铆钉代号	简图	d	2	2.5	3	3.5	4	5	6	8	10
			极限偏差	+0.10 0						+0.15 0		
半圆头铆钉	HB6229~HB6239		D	3.5	4.6	5.3	6.3	7.1	8.8	11	14	17
			极限偏差	±0.24			±0.29			±0.35		
			H	1.2	1.6	1.8	2.1	2.4	3	3.6	4.8	6
			极限偏差	±0.20						±0.24		

表 3-1（续）   mm

铆钉名称	铆钉代号	简图	d	2	2.5	3	3.5	4	5	6	8	10
			极限偏差	+0.10 0					+0.15 0			
平锥头铆钉	HB6297~HB6303		D	3.6	4.5	5.4	6.3	7.2	9	10.8	14.4	18
			极限偏差	±0.24			±0.29			±0.35		
			H	1	1.3	1.5	1.8	2	2.5	3	4	5
			极限偏差	±0.20						±0.24		
90°沉头铆钉	HB6304~HB6313		D	3.9	4.6	5.2	6.1	7	8.8	10.4	14	17.6
			极限偏差	±0.10						±0.20		
			H	1	1.1	1.2	1.4	1.6	2	2.4	3.2	4
120°沉头铆钉	HB6315~HB6319		D	4.6	5.2	6.1	6.9	7.8	9.5	11.5	15.6	—
			极限偏差	±0.17								
			H	0.8	0.9	1	1.1	1.2	1.4	1.7	2.3	—
大扁圆头铆钉	HB6323~HB6328		D	4.8	6.3	7.2	8.5	9.6	12.1	14.5	19.5	—
			极限偏差	±0.24		±0.29			±0.35		±0.42	—
			H	0.9	1.2	1.4	1.7	1.9	2.4	2.8	3.9	—
			极限偏差	±0.10		±0.20					±0.24	—

从表 3-1 中可以看出，普通铆钉从形状上区分主要有半圆头铆钉、平锥头铆钉、90°沉头铆钉、120°沉头铆钉、大扁圆头铆钉等。

为了方便表示铆钉的材料、尺寸等信息，通常用规定的标记表示铆钉，标记格式为：标准号-直径×长度。例如，HB6229-4×10，表示铆钉的标准号为"HB6229"，材料为"L4"，钉头形状为"半圆头"，直径为"4mm"，铆钉杆的长度为"10mm"。铆钉标记示例见表3-2。

表3-2 普通铆钉的材料及限用直径

名称	代号	材料	限用直径/mm	代号示例：$d=4$mm，$L=10$mm 时
半圆头铆钉	HB6229	L4	1~6	HB6229-4×10
	HB6230	LY1	2~6	HB6230-4×10
	HB6231	LY10	2.5~10	HB6231-4×10
	HB6232	LF10	2~10	HB6232-4×10
	HB6233	LF21	2~6	HB6233-4×10
	HB6234	ML18	2~10	HB6234-4×10
	HB6235	ML20MnA	3~10	HB6235-4×10
	HB6236	1Cr18Ni9Ti	2~6	HB6236-4×10
	HB6237	H62	1~4	HB6237-4×10
	HB6238	H62 防磁	1~4	HB6238-4×10
	HB6239	T3	1~4	HB6239-4×10
平锥头铆钉	HB6297	LY1	2~6	HB6297-4×10
	HB6298	LY10	2.5~10	HB6298-4×10
	HB6299	LF10	2~10	HB6299-4×10
	HB6300	LF21	2~6	HB6300-4×10
	HB6301	ML18	2~10	HB6301-4×10
	HB6302	ML20MnA	3~10	HB6302-4×10
	HB6303	1Cr18Ni9Ti	2~6	HB6303-4×10
90°沉头铆钉	HB6304	L4	1~6	HB6304-4×10
	HB6305	LY1	1.4~6	HB6305-4×10
	HB6306	LY10	2.5~10	HB6306-4×10
	HB6307	LF10	2~8	HB6307-4×10
	HB6308	LF21	2~6	HB6308-4×10
	HB6309	ML18	1~10	HB6309-4×10
	HB6310	ML20MnA	3~10	HB6310-4×10
	HB6311	1Cr18Ni9Ti	2~6	HB6311-4×10
	HB6312	H62	1~4	HB6312-4×10
	HB6313	H62 防磁	1~4	HH6313-4×10

表 3-2（续）

名称	代号	材料	限用直径/mm	代号示例：$d=4mm$，$L=10mm$ 时
120°沉头铆钉	HB6315	LY1	2.5~6	HB6315-4×10
	HB6316	LY10	2~8	HB6316-4×10
	HB6317	LY10	2.5~4	HB6317-4×10
	HB6318	ML18	2~8	HB6318-4×10
	HB6319	1Cr18Ni9Ti	2~6	HB6319-4×10
大扁圆头铆钉	HB6323	LY1	2~6	HB6323-4×10
	HB6324	LY10	2.5~8	HB6324-4×10
	HB6325	LF10	2~8	HB6325-4×10
	HB6326	LF21	2~6	HB6326-4×10
	HB6327	ML18	2~8	HB6327-4×10
	HB6328	1Cr18Ni9Ti	2~6	HB6328-4×10

直升机对于气动外形的要求不如固定翼飞机严格，因此，一般采用半圆头铆钉、大扁圆头铆钉即可满足使用要求。但在一些特殊部位，如旋翼、水平尾翼等部位，对气动外形有严格要求，一般需用沉头铆钉进行修理。

3.1.1.2 铆钉材料的选择

铆钉的材料主要根据被铆接构件的材料和受力情况来决定。总的原则是：铆钉的材料与被铆接构件的材料在力学性能方面应当比较接近，应具有尽可能相当的热膨胀系数，两种材料之间不应产生电化学腐蚀。

材料强度较高，受力较大的构件，铆接时一般选用材料强度较高的铆钉。材料强度较低，受力较小的构件，铆接时一般选用材料强度较低的铆钉。这是由于铆接构件承受载荷时铆钉受到剪切力和挤压力，同时钉杆与铆钉孔互相挤压，使铆钉孔承受挤压力。构件和铆钉两者受力不是彼此孤立的，而是互相联系、互相制约的，任何一方的强度不够，都会导致整个铆接结构的损坏。如果用材料强度较低的铆钉铆接受力较大的构件，为了保证铆钉具有足够的强度，就必须增大铆钉的直径或者增加铆钉的数量。这样做不仅会增加结构的重量和延长施工的时间，而且还会由于铆孔的扩大或增多，削弱构件的强度。如果用材料强度较高的铆钉铆接材料强度较低的构件，就势必出现以下两种情况：一种是使铆钉的强度储备过多，不能充分地发挥铆钉的作用，反而使结构的重量增加和施工效率降低；另一种是减小铆钉的直径和数量，使铆钉的强度储备不多，但是，这样一来，铆接构件受力时，铆钉杆与铆孔互相挤压，由于构件的材料强度大于被铆接构件，容易使构件的铆孔挤压坏，造成铆钉松动，失去连接作用。

为保证被铆接构件与铆钉任何一方不先被破坏，应使铆钉的材料强度与构件的材料强度相等。但在直升机结构修理中，更换铆钉比较容易，而更换被铆接构件比较困难，因此，通常规定铆钉的材料强度略低于被铆接构件的材料强度。

从材料上区分，航空用实心铆钉通常由铝合金、不锈钢、黄铜等材料制成，铆钉材料与其标准号、限用直径等的对应关系见表 3-2。

不同材料的铆钉其性能不同，为了区分铆钉材料，通常在铆钉头端面上制出规定的标记，以便识别不同材料的铆钉。常见航标铆钉的材料及其标志见表 3-3。

表 3-3　航标铆钉的材料及其标志

材料		标识	说明
铝合金	LY1	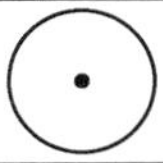 ⊙	标志均为凸起的（半圆头、大扁圆头及车制允许是凹的）
	LY10	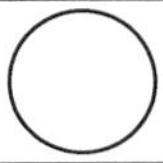 ○	
	LF10	 ⊙⊙	
	LF21	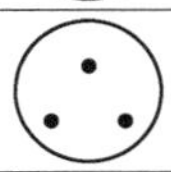 ⊙∴	
	L4	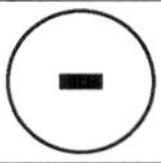 ⊖	
	7050	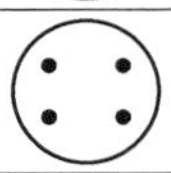 ⊙∴⊙	
不锈钢	ML20MnA	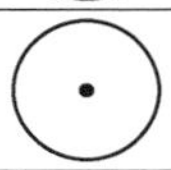 ⊙	
	ML10 ML15 ML18 1Cr18Ni9Ti	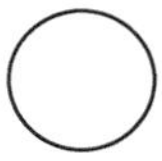 ○	
铜	T3	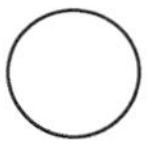 ○	
黄铜	H62		

3.1.1.3　铆钉直径的选择

铆接构件受力时，铆钉会同时产生剪切和挤压变形，它所受的剪切力和挤压力应该是相等的。如果铆钉本身的破坏剪力（$q_破$）不等，当强度较低的一方破坏时，另一方的剩余强度亦将失去作用，这样铆钉就不能充分发挥作用。根据构件的厚度来选择铆钉直径是使铆钉的破坏剪力与铆钉的破坏挤压力基本接近的有效方法。要理解这个问题，必须研究铆钉的破坏剪力和破坏挤压力。

从材料学中可知，一个铆钉的破坏剪力 $q_破$ 为

$$q_破 = \frac{\pi}{4} d^2 \tau_b \qquad (3-1)$$

式中：d——铆钉直径，m；

　　　τ_b——铆钉材料的抗剪强度极限，Pa；

58

$q_{破}$——单个铆钉的破坏剪力，N。

而单个铆钉的破坏挤压力 $p_{挤破}$ 为

$$p_{挤破} = d\delta\sigma_{挤破} \tag{3-2}$$

式中：δ——构件的厚度，m；

$\sigma_{挤破}$——铆钉材料的抗挤压强度极限，Pa；

$p_{挤破}$——单个铆钉的破坏挤压力，N。

根据等强度的原则，铆钉承受的剪力和挤压力必须相等，即

$$q_{破} = p_{挤破}$$

将两式运算，整理得

$$d = \frac{4\sigma_{挤破}\delta}{\pi\tau_b} \tag{3-3}$$

对于一般铝合金材料，抗挤压强度极限（$\sigma_{挤破}$）约等于它的抗拉强度极限（σ_b）的 1.5~1.8 倍，抗剪强度极限（τ_b）约等于抗拉强度极限（σ_b）的 0.6 倍，代入式 (3-3) 可得

$$d = (3 \sim 4)\delta \tag{3-4}$$

由式（3-4）可知，构件越厚，铆钉直径越大；构件越薄，铆钉直径越小。为此，我们可以得出以下结论：铆钉的直径与铆接的构件厚度成正比。

在实际修理中，铆接构件的厚度是由几个构件厚度叠加在一起的。因此，式 (3-4) 必须加以修正。根据试验，铆钉的直径可以采用下式计算，即

$$d = 2\sqrt{\sum\delta} \tag{3-5}$$

式中：$\sum\delta$——构件的总厚度。

目前，直升机结构修理中常用铆钉直径有：3mm、3.5mm、4mm、5mm、6mm 等几种。当 $\sum\delta < 3$mm 时选用直径为 3mm 或 3.5mm 的铆钉；当 $\sum\delta \geq 3$mm 时，可选用直径在 4mm 以上的铆钉。

在直升机结构修理中，通常选用与损伤处原铆接构件的铆钉直径相同的铆钉；如果是用原铆钉孔进行修理，在铆钉孔不超差的情况下（铆钉孔的尺寸标准见 3.1.3 制孔），应选用与原铆钉直径相同的铆钉进行修理；若铆钉孔扩大，则可将铆钉尺寸加大一个等级（0.5mm）。

3.1.1.4　铆钉长度的选择

（1）标准镦头铆钉长度

铆钉杆的需用长度取决于铆钉构件的总厚度（$\sum\delta$）和铆钉镦头的尺寸（即镦头的直径 D 和镦头的高度 h），如图 3-2 所示。

根据铆钉杆在铆接前后的体积不变，即可推知铆钉杆长度的计算公式。从图 3-2 可以看出，铆钉在铆接前的体积为铆钉杆的横截面面积 $\left(\dfrac{\pi}{4}d^2\right)$ 和铆钉杆长度（l）的乘积。铆接后铆钉杆产生塑性变形，填满铆孔，形成镦头，这时它的体积为铆孔处的

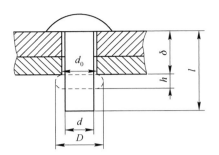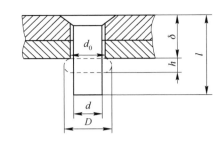

图 3-2　铆钉杆长度和镦头尺寸

体积 $\left(\dfrac{\pi}{4}d_0^2 \sum \delta\right)$ 加镦头的体积 $\left(\dfrac{\pi}{4}D^2 h\right)$。根据金属变形前后体积不变，可得

$$\frac{\pi}{4}d^2 l = \frac{\pi}{4}d_0^2 \sum \delta + \frac{\pi}{4}D^2 h \qquad (3-6)$$

整理得

$$l = \frac{d_0^2}{d^2} \sum \delta + \frac{D^2}{d^2}h \qquad (3-7)$$

取镦头直径 $D = 1.5d$，镦头高度 $h = 0.5d$，代入式（3-7）并化简得

$$l = \frac{d_0^2}{d^2} \sum \delta + 1.125d \qquad (3-8)$$

为了保证镦头的尺寸，同时使计算方便，式（3-8）可改写为

$$l = \frac{d_{0\max}^2}{d_{\min}^2} \sum \delta + d_{\min} \qquad (3-9)$$

式中：l——铆钉杆长度；

　　　$d_{0\max}$——铆钉孔最大直径；

　　　$d_{\min}$——铆钉杆最小直径；

　　　$\sum \delta$——铆接件的总厚度。

用式（3-9）求铆钉杆的长度，需要测量出铆钉孔的最大直径和铆钉杆的最小直径，应用比较繁琐。在修理工作中，铆钉杆的长度，常常按表 3-4 的经验公式计算，或者根据铆接构件的厚度和铆钉杆直径直接从表 3-5 中查出铆钉杆的长度。

表 3-4　铆钉杆长度的计算

铆钉杆直径 d/mm	铆钉杆长度
2.6	$\sum \delta + 1.4d$
3.0	
3.5	$\sum \delta + 1.3d$
4.0	

表 3-4（续）

铆钉杆直径 d/mm	铆钉杆长度
5.0	$\sum \delta + 1.2d$
6.0	
7.0	$\sum \delta + 1.1d$
8.0	

表 3-5　铆钉杆的长度　　　　　　　　　　　mm

d / $\Sigma\delta$	2.5 / 2.6	3.0	3.5	4.0	5.0	6.0	7.0	8.0	10.0	$\Sigma\delta$
1	4									1
2	5	5		6						2
3	6	6	6	7	8					3
4	7	7	7	8	9	10				4
5	8	8	8	9	10	11	12			5
6	9	9	9	10	11	12	13	14		6
7	10	10	10	11	12	13	14	15		7
8	11	11	11	12	13	14	15	16	18	8
9	12	12	12	13	14	15	16	17	19	9
10	13	13	13	14	15	16	17	18	20	10
11	14	14	14	15	16	17	18	19		11
12	15	15	15	16	17	18	19	20	22	12
13	16	16	16	17	18	19	20			13
14	17	17	17	18	19	20	22	22	24	14
15	18	18	18	19	20			24		15
16	19	19	19	20	22	22	24		26	16
17	20	20	20					26	28	17
18		22	22	22	24	24	26			18
19				24			28	28	30	19
20		24	24	26	26	26		30	32	20
21			26	28		28				21
22		26	28		28	30	32	32	34	22

61

（2）半圆头形镦头铆钉杆长度

如果铆钉镦头的形状呈半圆头形，如图3-3所示，铆钉杆的长度应为

$$l = \sum \delta + 1.5d \qquad (3-10)$$

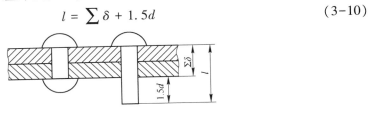

图 3-3　镦头呈半圆头形铆钉杆长度

（3）冲窝铆接时铆钉长度

如果构件的厚度较薄，采用冲窝铆接，如图 3-4 所示，铆钉杆长度应按经验公式计算，即

$$l = \sum \delta + \delta_1 + 1.3d \qquad (3-11)$$

当铆钉杆过长时，可用铆钉剪钳将铆钉杆剪至所需要的长度。如图 3-5 所示为铆钉剪钳的一种。

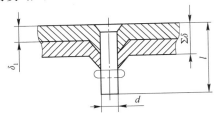

图 3-4　冲窝铆接时铆钉杆长度

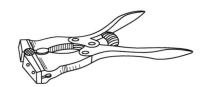

图 3-5　铆钉剪钳

3.1.2　布置铆钉

在直升机铆接结构中，铆钉通常都是成排成列地布置在结构中，其排列形式有单排、双排、多排三种。在双排和多排铆钉排列时，又可分为平行式排列和交错式排列两种形式，如图 3-6 所示。

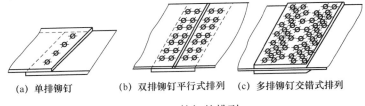

(a) 单排铆钉　　(b) 双排铆钉平行式排列　　(c) 多排铆钉交错式排列

图 3-6　铆钉的排列

在一排铆钉中，相邻两个铆钉中心之间的距离，称为铆距（用 t 表示）；一排铆钉的中心线与它相邻的另一排铆钉中心线之间的距离，称为排距（用 a 表示）；边缘一排铆钉的中心线至构件边缘的垂直距离，称为边距（用 c 表示），如图 3-7（a）所

示。要保证铆接构件的强度，除合理选择铆钉外，还要合理布置铆钉，即选择合适的边距、铆距、排距，并将铆钉按照一定的规律进行排列。铆钉的布置通常是根据构件结构形式和铆接构件的受力情况来决定的。

通常，在直升机修理手册中会给出边距、排距、铆距的要求。若手册中没有明确要求时，可按照下列方法确定。

（1）边距 c 的确定

为保证板边缘的强度，同时使板不至翘曲，边距至少为铆钉直径的 2 倍；在实际修理中，为保证一定的安全系数，边距通常取值为

$$c = (2.5 \sim 3)d \tag{3-12}$$

铆钉交错排列时，其对角距离 $l \geqslant 3.5d$，如图 3-7（b）所示。

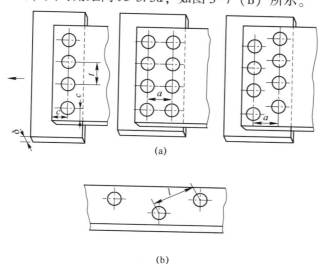

图 3-7　边距、排距、铆距

（2）铆距 t 的确定

对于 m 排铆钉的铆接构件而言，当板的破坏拉力等于板的破坏挤压力时，经计算得

$$t = (1 + 1.8m)d \tag{3-13}$$

当 m 取 1 时，即只有一排铆钉时，$t = 2.8d$；当有两排铆钉时，$t = 4.6d$；当有四排铆钉时，$t = 8.2d$。在实际修理中，式（3-13）在计算上不方便，且与实际试验数据有一定的差距，因此通常不用此公式具体计算，而使用经验公式来布置铆钉的间距，一般铆钉铆距取值范围为

$$t = (3 \sim 8)d \tag{3-14}$$

（3）排距 a 的确定

对于有两排以上铆钉的铆接构件而言，使铆钉对构件不发生破坏的条件是：排与排之间板的破坏剪力等于板边缘破坏剪力，经计算得到

$$a = c + d/2 \tag{3-15}$$

对于铝合金材料，$c = 2.5d$，则 $a = 3d$。在实际修理中排距 a 通常取（2.5~3.5）d。

（4）铆钉数量的确定

按照等强度修理准则（详见1.3.1节），铆钉数量可由构件损伤处横截面最大承载能力与单个铆钉的承载能力之比值确定。

在考虑边距、铆距、排距的同时，还应该注意铆钉孔和铆钉头边缘的位置，铆钉孔边缘不应进入板弯件、型材的圆弧内或靠近下陷区，且保证铆钉头不能搭在圆弧或下陷上，如图3-8所示。

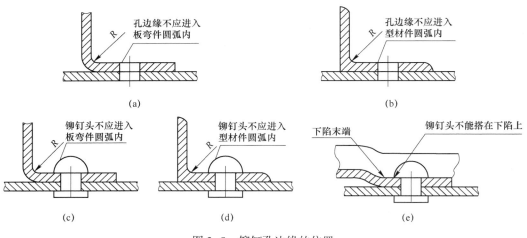

图3-8　铆钉孔边缘的位置

在零件上布置铆钉孔时，可以使用铅笔按照确定的边距、铆距、排距进行画线确定铆钉的位置，在铝合金零件上画线使用B~4B铅笔，在镁合金零件上画线时使用不含石墨的特种铅笔。

3.1.3　制孔（窝）

按照确定的边距、排距、铆距进行铆钉的布置后，就要在待修理结构及修补材料上钻出铆钉孔（对于沉头铆钉，还要制出沉头窝），为铆接做准备。若原结构处有铆钉的，尽量使用原结构的铆钉孔进行铆接修理。原铆钉拆除后，如果铆钉孔的偏差超过规定的值，可以选用比原铆钉大一号的铆钉进行铆接修理，此时需要对铆钉孔进行扩孔。铆钉孔径及极限偏差详见表3-6。

表3-6　铆钉孔径及极限偏差　　　　　　　　　　　　　mm

铆钉直径	2.0	2.5	2.6	3.0	3.5	4.0	5.0	6.0	7.0	8.0	10.0
铆钉孔直径	2.1	2.6	2.7	3.1	3.6	4.1	5.1	6.1	7.1	8.1	10.1
铆钉孔极限偏差	$+0.1$ 0					$+0.15$ 0			$+0.2$ 0		
更换同直径铆钉时孔极限偏差	$+0.2$ 0							$+0.3$ 0			

3.1.3.1　制孔的方法

制孔的方法一般包括冲孔和钻孔两种。

（1）冲孔

冲孔适用于钻孔难以保证质量和钻孔效率很低的情况，如在不锈钢薄板等构件上制孔。但有些材料对应力比较敏感，比如 7A04 铝合金具有应力集中倾向，则不允许采用冲孔的方法制孔。

冲孔可以使用手动冲孔钳、手提式冲孔机、台式冲孔机及其他机械设备进行。

（2）钻孔

冲孔的方法在直升机结构修理中使用得较少，主要还是使用钻孔的方法进行制孔。钻孔使用的最主要的工具是气钻（见图 3-9），也称为风钻。航空修理中，要求风钻的主轴全跳动不大于 0.05mm，声强级不大于 90dB。

通常，根据钻孔部位的结构特点和孔径大小来选择风钻的型号。开敞部位施工，一般选用枪式风钻（见图 3-9）；在操作不方便的部位，可选用角度风钻（见图 3-10）。

图 3-9　气钻

图 3-10　角度风钻

钻孔除使用风钻外，还要用到钻头，通常选用标准麻花钻头（见图 3-11）；根据被加工材料不同，可以对麻花钻顶角进行刃磨。比如在硬铝材料上钻孔时，钻头顶角一般应为 90°~110°。不同材料对应的钻头顶角见表 3-7。

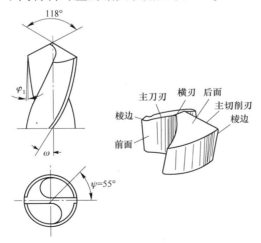
图 3-11　标准麻花钻头

表 3-7　钻头顶角

被加工材料	硬铝	镁合金	钢
钻头顶角	90°~110°	80°~110°	118°~140°

钻孔时，一般应从厚度大、强度高的零件一侧钻孔，并从背面用木棒将薄零件撑住。按骨架上的导孔或画线钻孔时，应先钻制小孔，然后从蒙皮一侧将孔扩至最后尺寸。铆钉孔直径大于 4mm 时，应先钻小孔，然后扩孔。在压窝零件上钻沉头铆钉孔时，应按表 3-8 钻与压窝器导销直径相同的初孔，压窝后再将孔扩至最后尺寸。

表 3-8　压窝器导销直径　　　　　　　　　　　　　　　　　mm

铆钉直径	2.0	2.5	2.6	3.0	3.5	4.0	5.0
压窝器导销直径	1.7	2.2		2.5		3.0	

用风钻在厚度 5mm 以上的铆接件上钻孔时，除结构不开敞外一般应采用垂直钻套或钻模，以保证铆钉孔与工件表面垂直。

待铆接的各零件上的同一铆钉孔，应一起钻至最后尺寸。但是在钻孔后，零件接合面上会产生毛刺，若不清除毛刺，则会使待铆接零件产生间隙，影响铆接质量。因此，待铆接件在制孔后要先分解，清除其贴合面孔边的毛刺，然后再次组装。通常可以使用比铆钉孔直径大的钻头（顶角为 120°~160°）、顶角为 120°的锪窝钻（见图 3-12）或专用工具（如毛刺刮刀，见图 3-13）去除孔边毛刺。清除铆钉孔边的毛刺时，允许在孔边形成深度不大于 0.2mm 的倒角。

图 3-12　锪窝钻

图 3-13　毛刺刮刀

铆钉孔在尺寸公差、形状和位置公差及表面质量方面，均应满足一定的要求，才能保证后续铆接的质量。因此，制孔后要对铆钉孔进行全面的质量检查。

3.1.3.2　铆钉孔的质量要求

（1）尺寸公差

铆钉孔的直径应略大于铆钉直径，以便铆钉能够轻松地放入铆钉孔内；但铆钉孔的直径又不能过大，过大的铆钉孔会造成铆接时铆钉杆弯曲、镦头偏斜等质量缺陷。通常，铆钉孔的直径应在铆钉直径的基础上至少扩大 0.1mm，孔的直径及其极限偏差见表 3-6。铆钉孔的尺寸可用孔量规进行检查，如图 3-14 所示。

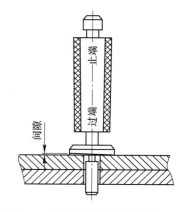

图 3-14　孔的尺寸和垂直度检查

（2）形状和位置公差

铆钉孔的圆度应在铆钉孔直径极限偏差内。

铆钉孔轴线应垂直于零件表面，其偏差用孔量规凸边端面和零件表面之间的单向间隙量表示，如图 3-14 所示，允许值见表 3-9。

表 3-9　孔量规凸边端面与零件表面之间允许单向间隙值　　　　　　mm

铆钉直径	2.0	2.6	3.0	3.5	4.0	5.0	6.0	7.0	8.0
间隙量	0.08	0.10		0.15			0.20		0.25

铆钉孔的位置应根据前述确定边距、铆距、排距的方法进行定位，其位置的极限偏差见表 3-10。

表 3-10　铆钉孔位置的极限偏差　　　　　　mm

边距极限偏差	铆距极限偏差		排距极限偏差
	铆距≤30	铆距>30	
+2.0 -1.0	±1.5	±2.0	±1.0

带有斜面的零件，当斜面的倾斜角 $\alpha > 10°$ 时，应锪出放置铆钉头或镦头的端面窝，如图 3-15 所示，端面窝尺寸见表 3-11。

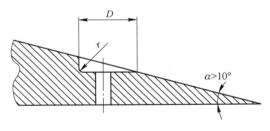

图 3-15　斜面锪平

表 3-11　端面窝尺寸　　　　　　mm

铆钉直径 d	2.0	2.5	2.6	3.0	3.5	4.0	5.0	6.0	7.0	8.0	10.0
端面窝直径 D	8	12			14		18		20		22
转接半径 r	1.5							2.0			

（3）表面质量

铆钉孔表面粗糙度 Ra 值不大于 6.3μm，不允许铆钉孔有毛刺、棱角、破边和裂纹，允许孔边形成 0.2mm 深的倒角。

3.1.3.3 制窝的质量要求

沉头铆钉钻孔后铆接前，还有制沉头窝的工艺过程，沉头窝的质量必须满足要求，才能保证铆接的质量。

沉头窝的角度要与沉头铆钉钉头的角度相同。

沉头窝的深度要严格控制，为了保证连接强度，沉头窝的深度只能取负公差，即窝的深度小于沉头铆钉头的高度，铆接后只允许铆钉头高出蒙皮表面，如图 3-16 所示，通常窝的深度应比铆钉头的最小高度小 0.02~0.05mm。用铆钉检查时，钉头相对零件的凸出量 Δh 为 0.02~0.10mm。

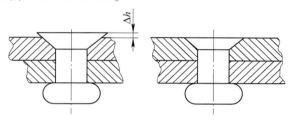

图 3-16 沉头铆接

蒙皮压窝、骨架锪窝时，骨架上窝的深度应比蒙皮上的深：90°骨架窝深 0.4δ，120°骨架窝深 0.15δ，其中 δ 为压窝层的总厚度。

双面沉头铆接，铆钉镦头窝为 90°，其直径见表 3-12。

表 3-12 铆钉镦头窝直径   mm

铆钉直径	2.5	2.6	3.0	3.5	4.0	5.0	6.0	7.0	8.0
镦头窝最小直径	3.5	3.65	4.2	4.95	5.6	7.0	8.2	9.5	10.8

窝的圆度公差值为 0.2mm，个别允许至 0.3mm，但这种窝的数量应不大于铆钉排内窝数的 15%。

窝的轴线应垂直于零件表面（楔形件除外），并与孔的轴线一致，窝的轴线倾斜和偏移所引起的铆钉头凸出量应符合各机型设计技术条件。

窝的表面应光滑清洁，不允许有棱角和划伤，粗糙度值 Ra 不大于 1.6μm。

压窝附近的零件表面不允许有局部高低不平，从零件表面到钉窝表面的过渡应光滑，窝的轮廓线应清晰，钉窝不允许有裂纹、破边。

由于锪窝限动器和压窝器而造成的零件表面痕迹、凹陷、轻微机械损伤深度应符合各型机的技术条件。

锪窝速度应是钻孔速度的 1/3~1/2 倍。

窝孔周围蒙皮的凹陷值不超过 0.3mm。

3.1.3.4 制窝的方法

制窝的方法包括锪窝和压窝两种。在铆接中，制作沉头窝时，从蒙皮和骨架的具体情况出发，采用不同的制窝方法。当蒙皮的厚度较厚（大于 0.8mm）时，此时不考虑骨架的厚度，对蒙皮进行锪窝；当蒙皮和骨架的厚度都小于或等于 0.8mm，则采用压窝的方法；当蒙皮的厚度小于或等于 0.8mm，而骨架的厚度大于 0.8mm，则在骨架上锪窝，对蒙皮进行压窝。制窝方法的选择见表 3-13。

表 3-13　制窝方法的选择　　　　　　　　　　　　　　　　　　　mm

蒙皮厚度	骨架厚度	制窝方法	简图
≤0.8	≤0.8	蒙皮、骨架均压窝	
	>0.8	蒙皮压窝、骨架锪窝	
>0.8	不限	蒙皮锪窝	

如果蒙皮厚度不大于 0.8mm，骨架为两层或两层以上，而每层厚度都不大于 0.8mm，其总厚度又不小于 1.2mm 且不能分别压窝时，则蒙皮压窝，骨架锪窝。

挤压型材不允许压窝，只能锪窝。

多层零件压窝一般应分别进行。当需要一起压窝时，其夹层厚度不大于 1.6mm。

除在镁合金、钛及钛合金、超硬铝合金的零件上必须采用热压窝外，一般均用冷压窝。

（1）锪窝

蒙皮或骨架锪窝时，应使用风钻配合专用的锪窝钻，锪窝钻如图 3-12 所示。手工操作时，为了保证沉头窝的深度，应采用能够限制窝深的锪窝限动器，如图 3-17 所示。此外，还可采用复合锪钻，其结构如图 3-18 所示，使钻孔锪窝一次完成，生产效率高，孔与窝的同心度好。复合锪钻可以装在锪窝限动器上或直接夹在风钻上使用。

图 3-17　锪窝限动器

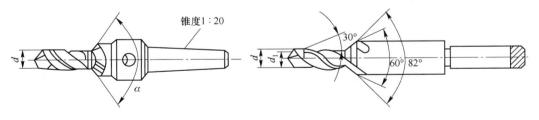

图 3-18　复合锪钻结构

根据孔径的大小、沉头窝的角度及部件结构，选择锪窝钻的大小和规格。锪窝钻导销直径应与铆钉孔直径相同。蒙皮锪窝、蒙皮压窝、骨架锪窝，锪窝钻导销直径应和相应的压窝器导销直径相同，如表 3-8 所示。

在楔形件上锪窝应采用带球形短导销的锪钻，并垂直于该处零件表面，如图 3-19 所示。在楔形件上进行双面沉头铆接时，铆钉沉头窝和镦头窝应间隔分布，如图 3-20 所示。

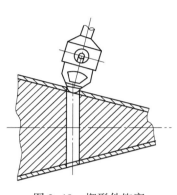

图 3-19　楔形件锪窝

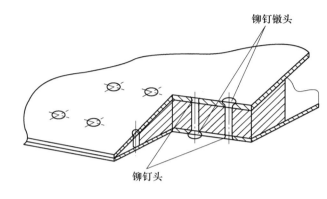

图 3-20　楔形件上沉头窝和镦头窝分布示意图

不允许使用钝的锪窝钻制窝。当窝表面有破碎或碎屑粘在锪窝钻切削刃上时，表明锪窝钻已钝。

当采用不带锪窝限动器的锪窝钻或用一般钻头锪窝时，应先在试件上锪窝，检查合格后，方可在零件上锪窝，对所锪窝应进行百分之百的检查。

使用带锪窝限动器的锪窝钻在零件上锪窝时，先在试件上进行调整，确认锪窝钻合格后方可在试件上试锪。用已初调限动器的锪窝钻在试件上试锪出 5 个窝。用相应的铆钉检查窝的深度，确保其深度符合要求。如不合格，进行再调整和试锪，直至合格为止。

用调整好的锪窝钻在产品上锪出 5 个窝。检查窝的质量，合格后再锪制其他窝。每锪制 50～100 个窝后，用铆钉或窝量规检查窝的深度，以验证锪窝钻的变化情况。

（2）压窝

压窝分为热压窝和冷压窝两种方式。由于热压窝在直升机修理中应用较少，这里主要介绍冷压窝的方法。

冷压窝按照下列步骤进行：

①按图样将蒙皮装在夹具和骨架上定位。

②压紧蒙皮，使之与骨架贴合。

③检查蒙皮与骨架的相对位置，应符合图样要求。

④在蒙皮上按铆钉排列画线，确定初孔位置。

⑤制初孔，初孔直径的选择见表 3-14。

表 3-14　初孔直径　　　　　　　　　　　　　　　　　　　　　　mm

铆钉直径	2.5	3.0	3.5	4.0
初孔直径	2.3	2.7	3.1	3.5

⑥选择适当的间距用定位销固定。

⑦钻制出蒙皮与骨架上所有初孔。孔应无毛刺、缺口。

⑧按如下要求选择压窝设备和工具：

压铆机及阴阳模，用于一般零件压窝。

手动压窝钳及阴阳模，用于不能用压铆机的零件压窝，如骨架弯边压窝。

手动阴阳模，用于开敞性较差部位上压窝。

⑨选择压窝力的方法如下：

压窝力与铆钉直径有关。压窝材料为 LY12-CZ，厚度为 0.5~0.8mm 时，冷压窝所需压窝力见表 3-15。

表 3-15　冷压窝所需压窝力

铆钉直径/mm	2.6	3.0	3.5	4.0	5.0
压窝力/kN	18.6	23.5	29.5	37.2	49

⑩试压窝按下述步骤进行：

在零件上压窝之前，选择与零件的材料、厚度、热处理状态、初孔直径相同的试件，试压出至少 5 个窝，直至全部合格为止。压窝试件最小宽度见表 3-16。

表 3-16　压窝试件最小宽度　　　　　　　　　　　　　　　　　　mm

铆钉直径	压窝试件最小宽度
≤6	25
>6	40

用 5~10 倍的放大镜目视检查窝是否符合质量要求。合格后方可在产品上正式压窝。

⑪正式压窝方法如下：

准备好已钻制初孔的待压窝件；

选择相应的压窝模并将其安装在手动压窝钳、压窝机等工具和设备上；

将压窝件放在压窝模的阴阳模之间，并使模具与压窝件的初孔对正；

启动工具或设备，施以压窝力进行压窝，如图 3-21 所示；

检查压窝情况，应符合窝的质量要求。

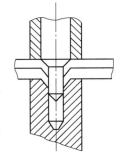

图 3-21　压窝

⑫压窝后将初孔扩至铆钉孔最后尺寸。

3.1.4　铆接

（1）铆接方法的选择

铆接方法包括手铆、锤铆、压铆等方法，在直升机修理中，常用锤铆法进行

71

铆接。

锤铆法是借助于铆枪的锤击力和顶铁顶撞的作用，使铆钉形成镦头的一种方法。根据铆枪锤击铆钉的部位不同，锤铆法可分为直接铆接法和间接铆接法两种。直接铆接法，又称正铆法，它是铆枪通过冲头直接锤击铆钉尾部形成镦头的。间接铆接法，又称反铆法，是用铆枪锤击铆钉头，通过构件的变形与振动，使铆钉杆尾部与顶铁撞击形成镦头。

直接铆接法和间接铆接法各自有其特点。

对于直接铆接法：第一，由于铆接时构件不受力，故构件不易产生变形，表面质量较好。第二，镦头的成形与构件的厚薄无关，能铆接较厚的构件。第三，铆接时构件不能自动夹紧，为了使构件紧密接合，在铆接过程中需有夹紧构件的工序，所以施工效率较低。第四，由于铆枪直接锤击铆钉尾部，这就要求机体结构内部必须有较大的空间，以便于锤击。

对于间接铆接法：第一，由于铆接时构件受到锤击力的作用，容易在铆缝处产生变形，降低表面质量，如图3-22所示。第二，由于镦头的形成过程，是在锤击力的作用下，构件变形与振动使铆钉尾部与顶铁撞击而产生塑性变形的过程，因此，间接铆接法不宜铆接厚度过大的构件。第三，内部空间较小的部位，只要顶铁能接近铆钉就可以进行铆接。第四，铆接时，由于构件受力，能彼此靠紧，不需要压紧的步骤，工作效率较高。

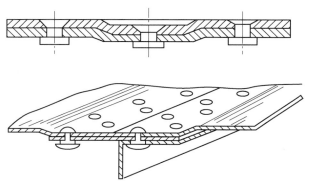

图 3-22　间接铆接时构件的变形

综上所述，虽然直接铆接法的表面质量较好，但是直升机机体的铆接结构通常厚度不大，且施工空间有限，为了提高生产或维修效率，通常采用效率较高的反铆法。

反铆法的工作程序为：铆枪上的冲头放在铆钉头上—顶把顶住钉杆—铆枪上的冲头锤击铆钉头，使钉杆形成镦头。

依据铆接件的结构，蒙皮铆接应按一定顺序进行，通常采用中心法和边缘法，如图3-23和图3-24所示。

（2）锤击铆接的注意事项

由于锤击铆接的绝大部分工作需要双人配合，以保证质量和技术安全，因此要求

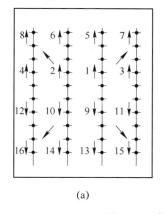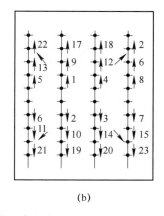

(a)

(b)

图 3-23　铆接顺序（中心法）

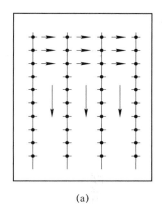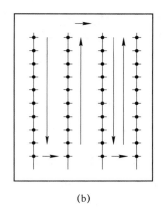

(a)

(b)

图 3-24　铆接顺序（边缘法）

两人密切配合，并注意以下几点：

①工作前应检查铆枪所用的冲头和顶把，不得有裂伤和毛刺。

②铆枪安装冲头后，不得将铆枪对着人或向着产品，以免失手打伤人或产品。铆枪用完之后，立即将冲头取下，防止冲头从铆枪上弹出。

③用铆枪铆接时，不得分散注意力，二人应密切配合。当冲头压紧在铆钉头上，顶把顶在铆钉杆上的时候，方可开动铆枪，切不可打空枪。

④使用冲头时，在冲头和铆钉头表面之间垫上玻璃纸或透明塑料布，以保证铆钉头表面的光滑。

3.1.5　质量检查

实心铆钉铆接后的检查内容包括以下几个方面：铆钉规格及排列、铆接间隙、铆钉头和镦头、铆接件及其表面质量。

3.1.5.1　铆钉规格及排列的检查

（1）铆钉的外观检查：目视检查铆钉型别和钉头质量，用卡尺检查其尺寸规格

73

是否符合图样要求。

（2）铆钉边距、铆距、排距的检查：用直尺或卡尺检查边距、铆距、排距值是否符合图样和技术要求；图样、技术要求中未规定时应符合表3-10要求（与铆钉孔要求一致）。

3.1.5.2 铆接间隙检查

（1）用塞尺检查铆钉头与零件的贴合情况，抽检数不少于铆钉排总钉数的5%。

（2）铆接后的凸头铆钉，用厚度为0.05mm的塞尺插入钉头与被连接件之间，塞尺不能触到钉杆，如图3-25所示。

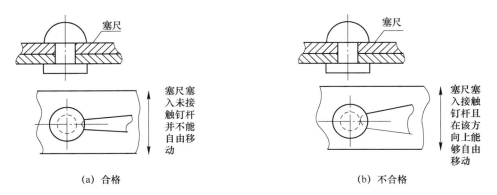

图3-25　铆钉头与零件间隙检查

（3）铆接后的沉头铆钉，用厚度为0.05mm的塞尺插入钉头和沉头窝之间，在周边的40%内不能塞入。在可塞入部分，塞尺不能接触钉杆，如图3-26所示。

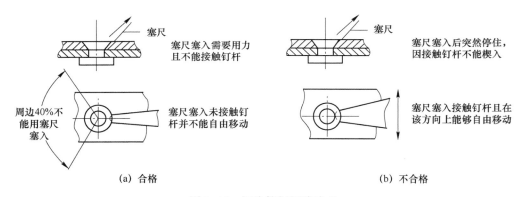

图3-26　沉头铆钉间隙检查

3.1.5.3 铆钉头和镦头的检查

（1）沉头铆钉头凹凸量的检查：用塞尺凭手感检查或用带辅助支架的千分表测量沉头铆钉头的凹凸量，如图3-27所示。

（2）沉头铆钉头相对蒙皮的凸出量应符合各机型的设计技术条件。沉头铆钉头不允许凹进零件表面。

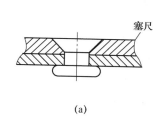

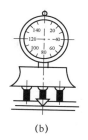

图 3-27　沉头铆钉凹凸量检查

（3）内部结构（非气动外缘）沉头铆钉头相对于零件表面的凹凸量为 ±0.1mm 之间。如图 3-28 所示。

（4）铆钉头、镦头表面质量的目视检查：铆钉头和镦头不允许有较深的切痕、下陷、裂纹及其他机械损伤缺陷；裂纹深度不超过铆钉直径的 1/8；裂纹宽度不超过铆钉直径的 1/16；铆钉头窝痕的最大深度应小于铆钉头高度的 1/4。

（5）镦头的检查

①用镦头检验样板或镦头卡规检查镦头的直径和高度，如图 3-29 所示。抽检数不少于铆钉排总钉数的 10%。用卡规的通端检查镦头的最大直径及最小高度，用卡规的止端检查镦头的最小直径。镦头的直径、高度及偏差见表 3-17。

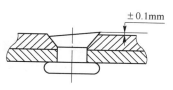

图 3-28　内部结构沉头铆钉头凹凸量

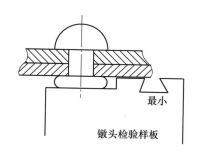

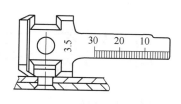

图 3-29　铆钉镦头检查

表 3-17　铆钉镦头要求

mm

铆钉直径 d	2.0	2.5	2.6	3.0	3.5	4.0	5.0	6.0	7.0	8.0
镦头直径 D	3.0	3.8	3.9	4.5	5.2	6.0	7.5	8.7	10.2	11.6
镦头直径极限偏差	±0.2	±0.25		±0.3		±0.4	±0.5	±0.6	±0.7	±0.8
镦头最小高度 h_{min}	0.8	1.0	1.1	1.2	1.4	1.6	2.0	2.4	2.8	3.2
镦头圆度	在铆钉镦头直径极限偏差内									

75

②标准镦头应呈鼓形，"喇叭形"或"马蹄形"的镦头为不合格，如图 3-30 所示。

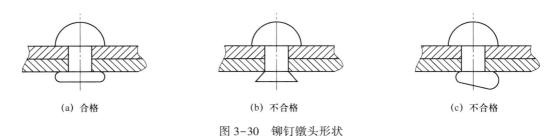

(a) 合格　　　　　　　(b) 不合格　　　　　　　(c) 不合格

图 3-30　铆钉镦头形状

③目视检查镦头相对于钉杆的同轴度，不应有明显偏移。

④如图 3-31 所示，斜镦头的最小高度和最大高度之差应小于铆钉直径的 1/3，即 $H-h<\dfrac{d}{3}$。

3.1.5.4　铆接件及其表面质量的检查

用带辅助支架的千分表，或用直尺和塞尺检查铆接引起的蒙皮表面凹凸量。如图 3-32 所示。下凹量应在表 3-18 规定的范围内。下凹量超出规定值的铆钉数应不大于铆钉排总钉数的 10%。

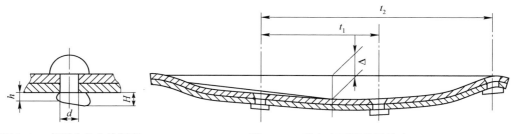

图 3-31　斜镦头的允许斜度　　　　　图 3-32　蒙皮表面凹凸量检查

t_1——一个铆钉间距；t_2——两个铆钉间距；Δ—下凹量

表 3-18　蒙皮表面下凹量范围
mm

测量单元	部位	下凹量 Δ
t_1	一般结构	<0.2
	进气道内部结构	<0.4
	难铆接处	<0.3
t_2	一般结构	<0.2
	多排铆钉，铆距小于 30mm，弯曲半径 300mm 以下处	<0.3

用塞尺检查铆接件的间隙，如图 3-33 所示。间隙值应在表 3-19 规定的范围内。

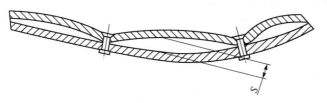

图 3-33　铆接件间隙

表 3-19　蒙皮与铆钉间隙

mm

蒙皮厚度	铆钉间距	允许间隙 S
≤1.5	>40	≤0.5
1.6~2.0	≤40	≤0.3
>2.0	20~40	≤0.2

用带有辅助支架的千分表检查蒙皮划伤、磕伤、凹坑的深度。在难铆接处允许有不大于二分之一圆周、深度不大于 0.1mm 的窝头痕迹。

用直尺或明胶条检查蒙皮由于铆接装配而产生的波纹度，应符合图样和技术条件要求。

用直尺和塞尺检查蒙皮对接处间隙和阶差量，应符合图样和技术条件要求。

实习科目三：铆补盖板堵孔

任务描述：某型机蒙皮发生破孔损伤，损伤区域约呈圆形，直径约为 45mm，请用 LY10 材料制作一盖板进行堵孔，要求盖板与蒙皮搭接区域布置两排铆钉，采用半圆头铆钉，直径为 4mm。先将下表补充完整，然后按表进行操作。

×××学院	直升机结构修理课程实训任务工卡		卡号：JGXL-03
工卡标题	铆补盖板堵孔		
机型	通用	工作区域	
版本		学时	
参考资料			
注意事项	1. 工作前认真阅读教材； 2. 注意人员之间的协调配合，合理分工； 3. 工作过程中保持秩序		

（续表）

编写/修订		审核		批准	
日期		日期		日期	
工具/设备/耗材					
类别	名称	规格型号	单位	数量	工作者	检查者

类别	名称	规格型号	单位	数量	工作者	检查者
工具	铆枪	M0501	把	1		
	冲头	4mm 半圆形窝	个	1		
	气钻	Z601	把	1		
	…					
	…					
设备	空气压缩机		台	1		
耗材	铆钉	HB6231-4×7	公斤	1		
	铝板	LY10 厚1mm	块	1		

1. 工作任务	工作者	检查者
铆补盖板堵孔		
2. 工作准备	工作者	检查者
准备好工具、设备、耗材		
3. 工作内容	工作者	检查者

工作步骤	工作记录		
（1）将孔锉修至 50mm			
（2）计算所需盖板的尺寸，画出施工草图			
（3）按照草图下料			
（4）锉修盖板			
（5）按施工草图在盖板和蒙皮上画线布置铆钉			
（6）钻孔、去毛刺			

（续表）

工作步骤	工作记录		
（7）…			
（8）…			
4. 结束工作		工作者	检查者
（1）清点工具； （2）恢复场地； （3）归还工具并做好登记			

3.2　金属蒙皮修理

蒙皮的主要作用是构成直升机的外形，保持直升机的良好气动性能以及承受和传递载荷。直升机在飞行训练中，由于过载或非正常使用、维护等原因，可能使蒙皮产生划伤、变形、裂纹或破孔等损伤。蒙皮损伤后，不仅破坏了原来的良好气动外形，影响飞行性能，而且还会使损伤部位的蒙皮强度降低，承载能力下降，危及飞行安全。因此，应及时修理蒙皮上出现的各类损伤。

直升机蒙皮的材料主要有铝合金、复合材料等。不同的材料、不同的损伤，其修理方法也不相同。本节主要介绍直升机铝合金蒙皮的损伤修理方法。

3.2.1　铝合金蒙皮的类型

直升机机身上使用的铝合金蒙皮材料主要有 10 号硬铝（LY10，2A10）、12 号硬铝（LY12，2A12）和 4 号超硬铝（LC4，7A04）等。国外直升机所用铝合金牌号有所不同，但其性能相近。从蒙皮的结构来看，主要有单板蒙皮和整体壁板两种类型。单板蒙皮根据其厚度不同又分为薄板蒙皮和整体厚蒙皮两种。如果按照形状分类，单板蒙皮还可分为：平板蒙皮、局部单曲度蒙皮、单曲度蒙皮、双曲度蒙皮和复杂形蒙皮等，如图 3-34 所示。

整体壁板通常由腹板、筋条、孔及其周边加强凸台、搭接边四部分组成，如图 3-35 所示。按筋条在腹板面上的分布特点分类，整体壁板可分为平行筋条类、放射筋条类、网格筋条类、平行放射筋条类和点辐射筋条类五种。各种类型的平面形状见图 3-36。整体壁板的剖面形状主要有"T"形、"工"形、"⊥"形三种，见图 3-37。整体壁板的搭接主要有内搭接，外搭接和内、外搭接三种形式。各种形式的搭接边形状如图 3-38 所示。

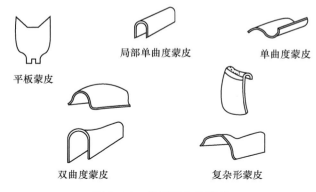

平板蒙皮　　　局部单曲度蒙皮　　　单曲度蒙皮

双曲度蒙皮　　　复杂形蒙皮

图 3-34　单板蒙皮的形状

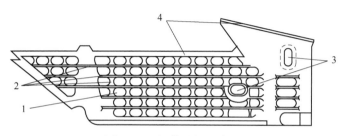

图 3-35　整体壁板示意图

1—腹板；2—筋条；3—孔及加强凸台；4—搭接边

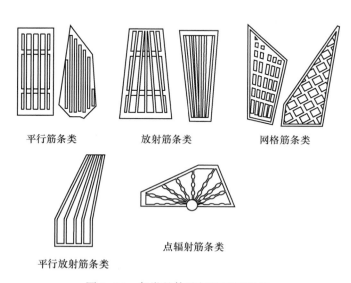

平行筋条类　　　放射筋条类　　　网格筋条类

平行放射筋条类

点辐射筋条类

图 3-36　各类整体壁板的平面形状

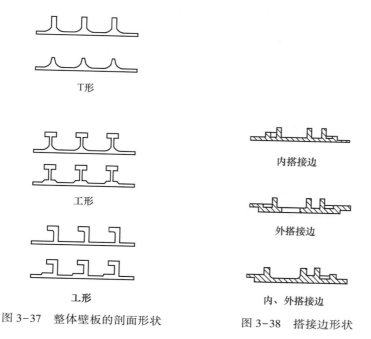

图 3-37　整体壁板的剖面形状　　　图 3-38　搭接边形状

　　整体壁板蒙皮通常是在厚板坯的基础上，采用机加、化铣、轧制、挤压展平、模锻或铸造等方法加工而成的。由于其强度储备较大，通常情况下不易出现损伤。如果产生损伤，往往采用更换或局部贴补的方法进行修理。因此，对整体壁板的修理不作详细介绍，而主要介绍单板蒙皮的各种损伤修理。

3.2.2　蒙皮变形的修理

　　蒙皮的变形，是指蒙皮某些部位产生轻微的鼓动、皱纹和压坑等。这些损伤对蒙皮的空气动力性能和强度有不同程度的影响，如果任其发展，也会由量变到质变，使蒙皮严重损坏。因此，必须及时修理。

　　（1）蒙皮鼓动和皱纹的修理

　　蒙皮某处产生鼓动或皱纹，说明该处蒙皮的刚度不足，应进行修理。一般的鼓动或皱纹，可采用整形加强的方法修理；如果鼓动或皱纹严重，用整形加强的方法不能排除时，可采用挖补或更换蒙皮的方法修理。

　　加强修理通常是在蒙皮鼓动或皱纹处的内侧铆补加强型材。加强型材的牌号见表3-20。如果蒙皮鼓动或皱纹的面积较大，用加强型材不能满足要求时，可用等于或稍大于被加强蒙皮厚度的板材制作盒型材进行加强，盒型材的宽度根据鼓动区的面积确定。

　　加强修理后，加强型材（或盒型材）的方向应垂直于或平行于桁条，并至少与相邻的构件搭接一端。同时，应根据蒙皮的形状和搭接形式将加强型材制成相应的下陷或弧度，使之与蒙皮紧密贴合，如图 3-39 所示。

表 3-20 蒙皮一般鼓动加强型材的选择

蒙皮厚度/mm	型材牌号	
0.8	LY12-CZ-XC111-4	LY12-CZ-XC611-1
1.0	LY12-CZ-XC111-4 或 6	LY12-CZ-XC611-1
1.2	LY12-CZ-XC111-6	LY12-CZ-XC611-1 或 2
1.5	LY12-CZ-XC111-7	LY12-CZ-XC611-2
1.8	LY12-CZ-XC111-12	LY12-CZ-XC611-6

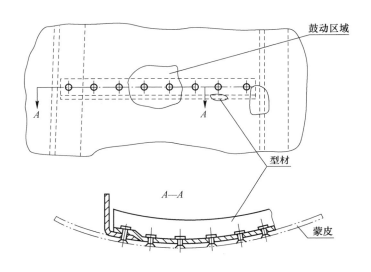

图 3-39 蒙皮一般鼓动的加强

实习科目四：蒙皮鼓动的加强修理

任务描述：某型机蒙皮厚度为 1mm，在中机身某处发现蒙皮有鼓动，请对鼓动区域进行整形并铆补加强型材。先将下表补充完整，然后按表进行操作。

×××学院	直升机结构修理课程实训任务工卡		卡号：JGXL-04
工卡标题	蒙皮鼓动的加强修理		
机型	通用	工作区域	
版本		学时	
参考资料	教材		

（续表）

注意事项	1. 工作前认真阅读教材；2. 注意人员之间的协调配合，合理分工；3. 工作过程中保持秩序					
编写/修订		审核		批准		
日期		日期		日期		

工具/设备/耗材

类别	名称	规格型号	单位	数量	工作者	检查者
工具	铆枪	M0501	把	1		
	冲头	4mm 半圆形窝	个	1		
	气钻	Z601	把	1		
	木锤					
	顶铁					
	钻头					
	…					
	…					
设备	空气压缩机		台	1		
耗材	铆钉	HB6231-4×10	kg	1		
	铝型材	LY12-CZ-XC111-4	m	0.05		

1. 工作任务	工作者	检查者
蒙皮鼓动的加强修理		
2. 工作准备	工作者	检查者
准备好工具、设备、耗材		
3. 工作内容	工作者	检查者

（续表）

工作步骤	工作记录		
（1）用木锤和顶铁对鼓动处进行整形			
（2）计算所需型材的长度并下料			
（3）按照型材与隔框或桁条的搭接位置，在型材上制出下陷			
（4）在型材上布置铆钉			
（5）钻孔、去毛刺、铆接			
（6）…			
（7）…			
4. 结束工作		工作者	检查者
（1）清点工具； （2）恢复场地； （3）归还工具并做好登记			

（2）蒙皮压坑的修理

蒙皮上的压坑，主要是破坏了蒙皮的光滑表面，如果压坑较浅、范围较大，应用无锐角且表面光滑的榔头和顶铁修整；如果压坑较深、范围较小，不易整平时，可在压坑处钻直径为4~5mm的孔，用适当的钢条打成钩形，拉起修平，然后用空心铆钉堵孔；如果压坑较深、范围较大时，可在压坑处开直径为10~16mm的施工孔，用钩子钩着，捶击蒙皮的四周使其恢复平整，如图3-40所示，然后按图3-41所示选装堵盖铆钉。

此外，有的突变小压坑，若不能钻孔整形，可将压坑处打磨光滑，用酒精和丙酮清洗后，用环氧树脂或黄腻子填平压坑，等干燥后修平即可。

3.2.3 蒙皮划伤的修理

直升机蒙皮上出现划伤后，如果划伤深度较浅，未超过规定划伤范围时，则划伤允许存在，不进行修理。各型直升机修理手册对蒙皮的允许划伤深度都做出了相应的规定。如果蒙皮划伤深度超过其规定值，此时，应用砂布将划伤部位打磨成圆滑过渡，避免应力集中。打磨后表面阳极化处理并喷涂铝粉漆，填平损伤部位。如果划伤过深，除打磨喷漆外，还需要在其内部铆上一块加强片。加强片的材料、厚度一

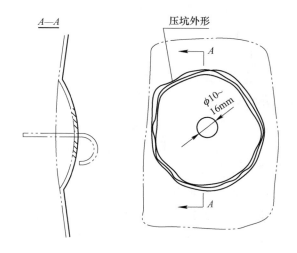

图 3-40　蒙皮压坑的修理

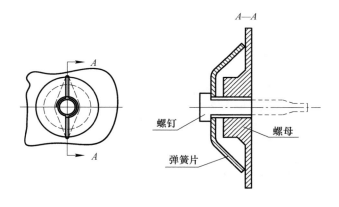

图 3-41　堵盖铆钉的安装

般与原蒙皮相同，但有些手册上也规定采取厚度增加一个等级的材料进行加强修理。

3.2.4　蒙皮裂纹的修理

蒙皮上的裂纹，降低了蒙皮的强度，而且在受力过程中，裂纹还会因应力集中的缘故继续扩展。修理时，应根据裂纹的长短、深浅程度和所在位置等情况采用不同的修理方法。

（1）在裂纹尖端钻止裂孔

当蒙皮上的裂纹较短时（一般小于 5mm），可采用钻止裂孔的方法止裂。采用止裂孔法修理蒙皮裂纹时，应在裂纹扩展的每一个终端钻出止裂孔（见图 3-42）。止裂孔的直径由蒙皮的厚度、尺寸、载荷情况等综合因素决定，具体操作时可参考标准工艺手册或修理手册。

钻止裂孔时，止裂孔的位置非常重要。如果止裂孔没有钻在裂纹的尖端处，它就不能消除裂纹尖端应力场的奇异性，也就起不到止裂作用。图 3-43 所示的前三种情况，止裂孔的位置都是不正确的。第①种情况是止裂孔钻在了裂纹的中间，没有把裂纹前缘去掉，而且在钻孔过程中，有可能在裂纹尖端附近造成新的微裂纹，因而起不到止裂作用；第②种情况是止裂孔位置不正，没有消除裂纹尖端处应力场的奇异性；第③种情况是止裂孔的位置太靠前，这时裂纹的扩展方向捉摸不定，裂纹的扩展有可能偏到止裂孔的一侧去，止裂孔起不到止裂作用；第④种情况的止裂孔位置比较合理，它消除了裂纹尖端应力场的奇异性，可起到止裂作用。为了准确地确定止裂孔的位置，钻止裂孔前，最好借助低倍放大镜确定裂纹尖端的位置。

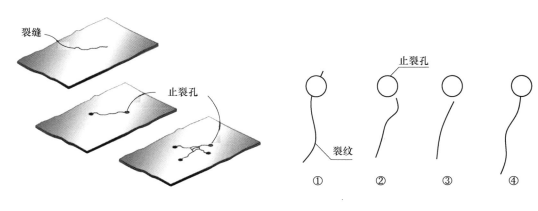

图 3-42　止裂孔法修理蒙皮裂纹　　　　　　　图 3-43　止裂孔位置

（2）在裂纹部位铆补加强片

当蒙皮上的裂纹较长时，如果只采用钻止裂孔的办法止裂，虽然钻止裂孔后，能够消除裂纹尖端应力场的奇异性，但止裂孔处有较高的应力集中，止裂孔处在交变载荷作用下，原裂纹还会继续扩展。因此，对于较长尺寸的裂纹，除在裂纹尖端钻止裂孔外，还需在裂纹部位的内部铆补一块加强片，通常加强片与蒙皮材料相同、厚度相等，有时也可采用厚度大一个等级的相同材料作为加强片。

直 9 直升机标准工艺手册中对蒙皮裂纹修理工艺（见图 3-44）描述如下：

①在蒙皮"1"上不超过 50mm 的裂纹，应该在端部钻 4mm 直径孔之后，通过加上与裂纹蒙皮相同厚度的内、外加强板"2"和"3"来修理。

②加强板周边应制倒角"4"。

③加强板应按照要求，用大扁圆头铆钉（GB 1011）或者 120°埋头铆钉（GB

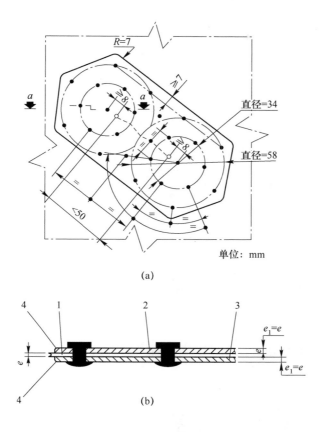

单位：mm

(a)

(b)

图 3-44　直 9 直升机蒙皮裂纹的加强修理
1—蒙皮；2—内加强板；3—外加强板；4—倒角

954）与蒙皮进行铆接，并将 XM-22B 或法国料 PR1121B 密封胶涂到外加强板 "3" 组件上进行铆接。

　　若裂纹在两桁条之间，则加强板应与桁条搭接。直 9 直升机标准工艺手册对桁条间蒙皮裂纹的修理（见图 3-45）描述如下：

　　①两个桁条 "1" 之间的蒙皮裂纹应该通过用垫圈 "2" 来制止裂纹扩展，并加以内、外加强板 "3" 和 "4" 来修理。

　　②把与有裂纹蒙皮相同厚度的 16mm 直径垫圈装在一个相同直径的修整区 "5" 中。

　　③在内部和外部加强板周边应制倒角 "6"，加强板厚度与有裂纹蒙皮相同。

　　④加强板和垫圈按照要求应该用圆头铆钉（GB 1011）或者 120° 埋头铆钉（GB 954）进行铆接，铆接前应将 XM-22B 或法国料 PR1221B 密封胶涂到加强板组件上。

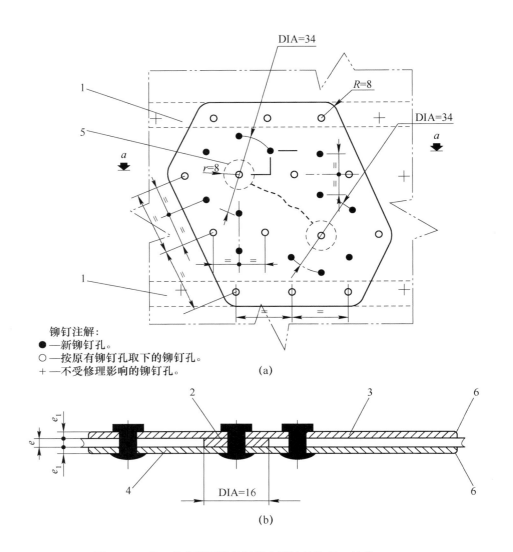

铵钉注解：
● —新铆钉孔。
○ —按原有铆钉孔取下的铆钉孔。
＋ —不受修理影响的铆钉孔。

(a)

(b)

图 3-45　直 9 直升机两桁条间蒙皮裂纹的修理（单位：mm）
1—桁条；2—垫圈；3—内加强板；4—外加强板；5—修整区；6—倒角

实习科目五：蒙皮裂纹的修理

任务描述：直 9 直升机两桁条间蒙皮出现长约 45mm 的裂纹，请查阅直 9 标准工艺手册和修理手册，完善下表并按表进行操作。

×××学院	直升机结构修理课程实训任务工卡		卡号：JGXL-05
工卡标题	蒙皮裂纹的修理		
机型	直 9	工作区域	

（续表）

版本		学时	
参考资料	直 9 直升机标准工艺手册、修理手册		
注意事项	（1）工作前认真阅读教材； （2）注意人员之间的协调配合，合理分工； （3）工作过程中保持秩序		
编写/修订		审核		批准	
日期		日期		日期	

工具/设备/耗材

类别	名称	规格型号	单位	数量	工作者	检查者
工具	铆枪	M0501	把	1		
	冲头	4mm 半圆形窝	个	1		
	气钻	Z601	把	1		
	木锤					
	钻头					
	…					
	…					
设备	空气压缩机					
耗材	铆钉					
	铝板					

1. 工作任务	工作者	检查者
蒙皮裂纹的修理		

2. 工作准备	工作者	检查者
准备好工具、设备、耗材		

3. 工作内容	工作者	检查者

（续表）

工作步骤	工作记录		
（1）对裂纹尖端修正出直径为 16mm 的圆形区域			
（2）剪出直径为 16mm 的垫圈			
（3）按照裂纹的尺寸计算加强片的尺寸、形状并下料			
（4）在加强片上布置铆钉			
（5）钻孔、去毛刺、铆接			
（6）…			
（7）…			
（8）…			
4. 结束工作		工作者	检查者
（1）清点工具； （2）恢复场地； （3）归还工具并做好登记			

3.2.5　蒙皮破孔的一般修理方法

蒙皮上的破孔，有的发生在构架的中间，有的跨越构架，有的在不易施工的地方，有的双层蒙皮损坏。修理时必须具体分析，区别对待。

蒙皮破孔的修理，通常采用托底平补法。此法首先是将损伤部位切割整齐，然后用衬片托底，用补片填补切割孔，通过衬片将补片和蒙皮连成一体，如图 3-46 所示。

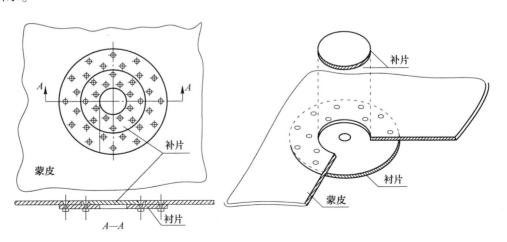

图 3-46　托底平补法

托底平补法的施工步骤如下。

3.2.5.1　确定切割范围

根据蒙皮的损坏情况确定切割范围，是修理蒙皮破孔的第一步，它关系到其他步骤的施工。因此要注意以下事项。

（1）切割线一般应越过损伤范围 5mm，以消除所有可能的裂纹。

（2）为了便于制作补片和衬片，需将蒙皮损伤处切割成规则的形状，如圆形、长圆形、矩形等，如图 3-47 所示。其中，矩形孔应进行倒角处理，以减小应力集中，其圆角半径 R 应符合表 3-21 要求。

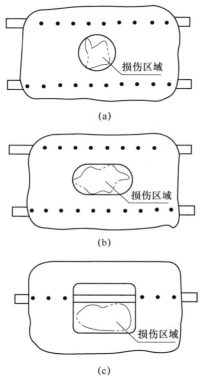

图 3-47　切割孔的形状

表 3-21　矩形孔的技术要求

矩形孔的短边 S	矩形孔的圆角半径 R
$S \leqslant 150\text{mm}$	10mm
$S > 150\text{mm}$	15mm

（3）切割线的直线部分应与构架（即梁、桁、肋、框）相平行，并与构架保持一定距离，以便铆接衬片。

（4）由于机身蒙皮上的正应力比剪应力大得多，在机身蒙皮上开长圆孔或矩形孔时，应尽量使长轴或长边平行于桁条，以减小垂直于正应力方向的切口长度。

（5）切割线应尽可能避开铆钉。

3.2.5.2　切割损伤部位

根据确定的切割形状和损伤部位的结构情况，选择相应的切割工具切割损伤部位。切割工具主要有专用割刀、铣刀、挖孔器等；若没有切割工具，可采用连续钻孔法切割。切割时，既要保证切割孔的形状和尺寸，又要防止损伤内部框架和机件。

3.2.5.3　制作补片和衬片

补片是用与蒙皮材料相同、厚度相等的铝板制作的。补片的大小和形状与切割孔相同，二者对缝间隙应符合直升机修理质量要求。修理经验表明，制作补片时，务必注意做到"三要"，才能保证制作准确、迅速。一要以孔为基准锉修补片，禁止补片与孔同时锉修；二要作好记号，便于补片与孔对缝；三要有次序地由一个方向边锉边对，防止急躁，要少锉勤对。

衬片（加强片）的厚度等于或略大于蒙皮的厚度，衬片的大小取决于破孔的直径和衬片与蒙皮连接的铆钉排数。在受力较小的部位，衬片与蒙皮用两排铆钉连接；在受力较大的部位，衬片与蒙皮用三排铆钉连接。衬片的大小可用式（3-16）进行计算

$$d_{衬} = d_{孔} + 4c + 2(m-1)a \tag{3-16}$$

式中：$d_{衬}$——衬片的直径，mm；

　　　$d_{孔}$——破孔的直径，mm；

　　　c——边距，mm；

　　　a——排距（节距），mm；

　　　m——铆钉排数。

3.2.5.4　钻孔铆接

铆接时，先铆衬片，后铆补片。铆接前，需根据切割孔的形状和大小，合理地布置铆钉。对于圆形孔或长圆形孔，按每排的圆周长均匀布置；对于矩形孔，首先在四角处确定四个铆钉，然后在两个铆钉间均匀地排列铆钉。铆钉为两排时，应尽可能采用交错排列。

实习科目六：蒙皮破孔的修理

任务描述：米-17B-5直升机中机身两桁条间蒙皮出现破孔损伤，损伤部位约呈圆形，直径约为40mm，请查阅米-17B-5直升机标准工艺手册和修理手册，完善下表并按表进行操作。

×××学院	直升机结构修理课程实训任务工卡		卡号：JGXL-06
工卡标题	蒙皮破孔的修理		
机型	米-17B-5	工作区域	

（续表）

版本			学时		
参考资料		米-17B-5 直升机标准工艺手册、修理手册			
注意事项		1. 工作前认真阅读教材； 2. 注意人员之间的协调配合，合理分工； 3. 工作过程中保持秩序			
编写/修订		审核		批准	
日期		日期		日期	
工具/设备/耗材					
类别	名称	规格型号	单位	数量	工作者	检查者

类别	名称	规格型号	单位	数量	工作者	检查者
工具	铆枪	M0501	把	1		
	冲头	4mm 半圆形窝	个	1		
	气钻	Z601	把	1		
	木锤					
	钻头					
	…					
	…					
设备	空气压缩机					
耗材	铆钉					
	铝板					

1. 工作任务	工作者	检查者
蒙皮破孔的修理		

2. 工作准备	工作者	检查者
准备好工具、设备、耗材		

3. 工作内容	工作者	检查者

工作步骤	工作记录		
（1）对破孔区域进行整形，使其呈规则的圆形			

（续表）

工作步骤	工作记录		
（2）根据破孔的尺寸确定补片、衬片的尺寸并下料			
（3）对补片和衬片进行锉修			
（4）在补片和衬片上画线、布置铆钉			
（5）…			
（6）…			
（7）…			
（8）…			
4. 结束工作		工作者	检查者
（1）清点工具； （2）恢复场地； （3）归还工具并做好登记			

3.2.6　跨构架蒙皮破孔的修理

当蒙皮上的破孔跨越构架（或切割孔跨越构架）时，应根据构架的损坏情况，采用不同的修理方法。

如果构架没有损坏，可将衬片做成两块，其中一块衬片应搭接在构架的弯边上，如图 3-48 所示。

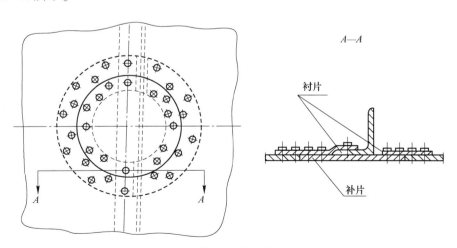

图 3-48　跨构架蒙皮破孔修理

如果构架和蒙皮同时损坏，衬片最好做成一整块，先将它与蒙皮铆接，再接补损伤的构架，最后铆接补片，如图 3-49 所示。此外，也可以先接补损伤构架，然后按图 3-48 所示的方法修理。

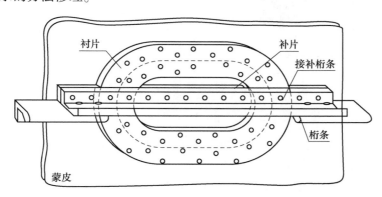

图 3-49　构架和蒙皮同时损坏的修理

3.2.7　不易施工处蒙皮破孔的修理

用托底平补法修理蒙皮破孔，需要在蒙皮里面放置衬片并铆接衬片和补片。机身上有的部位，可以从蒙皮的内部接近损伤处，故放置衬片和进行铆接，都比较容易施工；但有些部位，不易从蒙皮的内部接近损伤处，故放置衬片和铆接存在困难。

不易施工处破孔的修理方法与前边的破孔一般修理方法基本相同，下面我们只着重研究克服施工困难的几种办法。

（1）利用切割孔施工

利用切割孔施工时，衬片的中央需开一个与衬片形状相同的小施工孔，以便铆接衬片。长圆形衬片可以垂直放入；矩形衬片可以斜着放入（见图 3-50）；圆形衬片可将其切开后放入，但是衬片切开后，强度减弱，需在切口处铆上一块加强片，如图 3-51 所示。

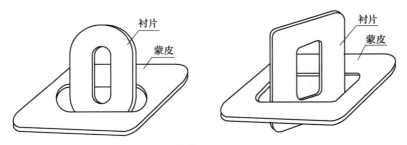

图 3-50　长圆形和矩形衬片的放入

铆接时，可从衬片中央的施工孔伸入弯形顶铁。将衬片与蒙皮铆接，然后，用螺纹空心铆钉或螺钉将补片与衬片连接。螺纹空心铆钉一般只适用于受力较小的部位；受力较大的部位，需要用螺钉固定衬片，在衬片放入之前，应在衬片上先铆好螺钉座。

图 3-51　圆形衬片的放入和加强

（2）利用舱口盖或施工孔进行施工

如果切割孔附近有舱口盖，应尽可能利用舱口盖放入衬片并进行铆接；若切割孔附近没有舱口盖或无法用舱口盖进行施工时，可在切割孔附近开一施工孔，利用施工孔来放入衬片和伸入顶铁进行铆接。开施工孔时，必须注意以下几点：

①施工孔不宜过大，以免更多地降低蒙皮的强度；

②施工孔应开在对蒙皮强度和空气动力性能影响较小的部位；

③开施工孔时，既要考虑到对破孔的施工，又要充分考虑好施工孔的修补；

④施工孔应与破孔或其他的孔彼此错开，不要在结构的同一横截面上。

（3）临时拆卸蒙皮进行施工

机身上有的部位产生破孔后，为了铆接方便和减少施工孔的制作，可以拆卸附近的蒙皮进行施工。

3.2.8　双层蒙皮破孔的修理

直升机上的双层蒙皮，其结构形式主要有三种：一是内外蒙皮之间铆有构架；二是内外蒙皮之间铆有较厚的垫条；三是内外蒙皮重叠和构架铆接在一起。因此，双层蒙皮产生破孔后，应根据双层蒙皮的结构形式，采用不同的修理方法。

（1）内部有构架的双层蒙皮破孔的修理

这种双层蒙皮的特点，是内部有较大的空间。根据这个特点，可以采取先修理外蒙皮后修理内蒙皮的方法。具体方法如图 3-52 所示。先将内外蒙皮的破孔切割整齐，利用内蒙皮的切割孔修理好外蒙皮上的破孔。然后利用内蒙皮切割孔铆接衬片。最后用螺纹空心铆钉将内蒙皮补片铆接在衬片上，或者用螺钉将补片和衬片连接在一起。

（2）内部有垫条的双层蒙皮破孔的修理

这种双层蒙皮的特点，是内部空间较小，修理时无法放入顶铁。通常按图 3-53 所示的方法修理。用与垫条厚度相等的铝板制作四条衬片，衬片的宽度能铆 2 排铆钉，并将衬片弯曲成适当的弧度，插入内外蒙皮之间，用铆钉将衬片与内外蒙皮铆接为一体，将两块补片分别安装在内外蒙皮的切割口上，用铆钉与衬片铆接。

（3）相互重叠的双层蒙皮破孔的修理

这类蒙皮上的破孔，如果直径较小，而且没有跨越构件，修理时，可以将内蒙皮上的孔开得小一些，外蒙皮上的孔开得大一些，把内蒙皮当作衬片，将补片直接铆在

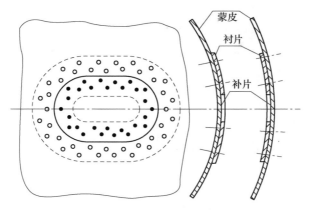

图 3-52　内部有构架的双层蒙皮破孔的修理

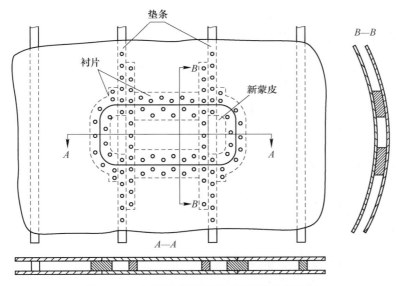

图 3-53　内部有垫条的双层蒙皮破孔的修理

内蒙皮上，如图 3-54 所示。切割外蒙皮时，为了防止划伤内蒙皮，可在两层蒙皮之间插入薄钢片。这种修理方法的特点是不另加衬片，对蒙皮的强度削弱较多。

　　如果双层蒙皮上的破孔直径较大，跨过桁条，或者破孔的数量较多，应用下述方法修理。先将内蒙皮上的孔开小一些，外蒙皮上的孔开大一些，按外蒙皮的切割孔制作补片和衬片。补片的材料、厚度与外蒙皮相同，补片的形状、大小与外蒙皮切割孔一致。衬片的材料、厚度与内蒙皮相同，尺寸比外蒙皮切割孔大，每边能铆 2~3 排铆钉。然后，用铆钉先将衬片与内外蒙皮铆接，再将补片与内蒙皮、衬片铆接在一起，如图 3-55 所示。

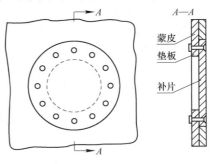

图 3-54　重叠双层蒙皮小破孔的修理

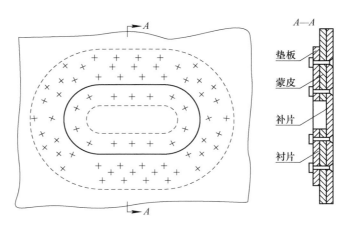

图 3-55 重叠双层蒙皮大破孔的修理

3.2.9 蒙皮大范围损伤的修理

蒙皮上有密集的弹孔、裂纹或者严重的损伤变形，对直升机的空气动力性能和强度影响甚大。修理时，必须更换部分蒙皮，才能恢复其强度和外形。

更换蒙皮的施工步骤分为：切割损伤蒙皮、制作与铆接衬片、配制新蒙皮并安装定位与对缝、铆接新蒙皮。

（1）切割损伤蒙皮

切割损伤蒙皮时，必须注意以下几点：

①切割线与构架平行，在转角处要锉成圆角，防止应力集中。

②由于蒙皮损伤的范围大，修好后新蒙皮承担的载荷也大。为了增加接缝处的稳定性，切割时，切割线要靠近构架。但切割线必须和构架保持一定距离（一般是40～50mm），以便铆接衬片。

③为了避免增加过多的接缝，影响蒙皮的空气动力性能，当损伤靠近蒙皮原有的接缝时，应用原来接缝进行接补。

④切割线应尽可能避开铆钉。

⑤切割下来的旧蒙皮，不要随便剪开，以便作为新蒙皮制作的依据。

（2）制作与铆接衬片

衬片可以作成一整条，也可以分成几段。衬片是一整条时，桁条需要制作下陷使它们和蒙皮之间有一个间隙，以便衬片从间隙中顺利通过。衬片分段时，衬片应制作下陷或弯边，以便和构架铆接为一个整体（见图3-56）。

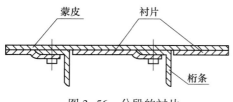

图 3-56 分段的衬片

整条的衬片，蒙皮接缝处的稳定性较好，但施工比较困难，因而多用于受力较大的部位。分段的衬片，施工比较容易，但接缝处的稳定性较差，多用于受力较小的部位。

衬片做好后，将衬片与蒙皮铆接，以便安装新蒙皮。

（3）配制新蒙皮并安装定位与对缝

用与蒙皮材料相同、厚度相等的铝板，按切割下来的旧蒙皮进行画线，画线时每边应留出一定的加工余量，如图 3-57 所示。

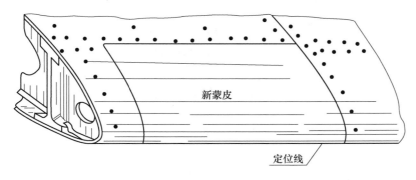

图 3-57　画定位线

将新蒙皮试装于损伤处，进行对缝与修边。对缝修边时，如果对缝位置经常改变，会使边缘锉修不准确，影响对接质量。为此，先要对新蒙皮进行定位。定位的方法有两种。一种是画线法，这种方法是在新蒙皮和原蒙皮相对应的位置上画出定位线，每次对缝修边都以定位线为基准。另一种是钻制定位孔，这种方法是在新蒙皮和构架上钻出定位孔（见图 3-58）。定位孔的数量不能少于 2 个，每次对缝修边时，以定位孔为基准，确定新蒙皮的安装位置。

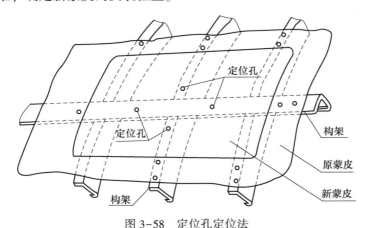

图 3-58　定位孔定位法

新蒙皮对缝质量的好坏，直接影响直升机的空气动力性能。新蒙皮的对缝工作是麻烦而细致的。对缝时，必须认真负责，一丝不苟，确保对缝质量。下面叙述新蒙皮对缝的两种方法。

第一种方法是用直尺画线对缝。这种方法如图 3-59 所示，首先用直尺在原蒙皮上画切割缝的平行线，并保持一定距离（l），然后将新蒙皮安装定位，以平行线为基准，在新蒙皮上画线，此线与平行线平行，并使其距离等于平行线至切割缝的距离

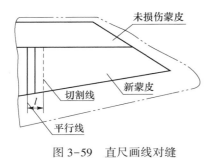

图 3-59 直尺画线对缝

（l）。于是新蒙皮上所画出的线即为切割线，按切割线剪去新蒙皮的多余材料，锉修边缘，进行对缝。

第二种方法是用特殊工具对缝。这种特殊工具见图 3-60（a），它由两块较薄的不锈钢片制成。画线时将工具的下端放在切割线上，工具的上端放在新蒙皮上，使下端沿切割缝移动，上端也随之在新蒙皮上画出切割线，如图 3-60（b）所示。根据切割线，剪去余料，锉修边缘，进行对缝。

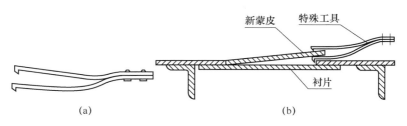

图 3-60 特殊工具画线对缝

（4）铆接新蒙皮

新蒙皮一方面要和衬片铆接，一方面要和构架铆接。新蒙皮和衬片铆接时，由于衬片上没有铆孔，新蒙皮和衬片上的铆孔可以同时钻出，铆孔位置容易确定。新蒙皮和构架铆接时，由于构架已有铆孔，新蒙皮上的铆孔必须和构架上的铆孔相一致，否则彼此错开无法铆接。为此，在铆接新蒙皮的过程中，还存在一个确定新蒙皮铆孔位置的问题。

确定新蒙皮铆孔位置时，根据蒙皮损伤部位，采用不同的方法。

如果蒙皮的损伤部位在机身上容易施工的地方，如后机身。此时，可将新蒙皮固定于损伤处，用直径稍小的钻头，根据构架上的铆孔从内向外钻出，确定新蒙皮铆孔的位置。

如果蒙皮的损伤部位在直升机较难施工的地方，此时，根据蒙皮损坏的程度，采用不同方法：当旧蒙皮损坏不严重，经整形后，旧蒙皮的铆孔位置没有变化时，可将旧蒙皮放在新蒙皮上，按旧蒙皮的铆孔，确定新蒙皮铆孔的位置；当旧蒙皮损坏严重，无法用旧蒙皮的铆孔来确定新蒙皮的铆孔位置时，可以用下述的两种方法来确定铆孔的位置。

①用画线的方法确定铆孔位置

这种方法如图 3-61 所示，首先根据构架铆孔中心，用直尺在未损伤蒙皮上任意画两条直线，这两条直线相交于构架铆孔的中心。然后装上新蒙皮，按两条直线在新蒙皮上画线，两线的交点即为铆孔的中心。

②用定位钉或定位工具确定铆孔位置

用定位钉找铆孔（见图 3-62）时，将定位钉置于构架铆孔中，装上新蒙皮并锤击，使定位钉在新蒙皮上冲出铆孔中心位置。

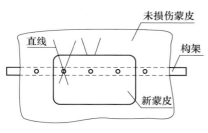

图 3-61　用画线方法找铆孔

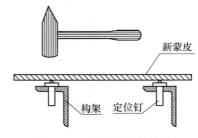

图 3-62　用定位钉找铆孔

用定位工具找铆孔时，将工具的销子插入构架铆孔内，锤击工具上的小冲，在蒙皮上冲出冲点，该点即为铆孔的位置。

用画线法确定铆孔位置，画线时比较繁琐，不易准确，但不需要专门的工具。用定位钉或定位工具找铆孔的方法，比较简便与准确，但需要专门的工具，且使用范围有限。

新蒙皮铆孔位置确定之后，即可进行钻孔、铆接。铆接时，需用固孔销、小螺栓或 G 形夹将新蒙皮固定。铆接的顺序视蒙皮的形状和施工的方便而定，一般要从蒙皮的中心开始向四周铆接。

3.3　纵向构件修理

直升机中纵向结构件主要指梁和桁条，它们主要承受拉力或压力，是主要承力构件。直升机上的梁主要是机身大梁，梁通常由缘条和腹板组成。桁条和机身大梁的缘条大多是用型材制成的，腹板则由薄板制成。两类构件的构造不同，承受载荷的性质不同，修理的要求和方法也不相同。

3.3.1　桁条和大梁的结构形式

桁条多为角形铝材，其截面形状如图 3-63 所示。角形桁条一边通过铆接或胶结的方式与蒙皮连接，另一边为加强边，增加桁条的刚度和强度。

机身大梁多为 "T" 形、槽形及 "Z" 形，如图 3-64 所示。

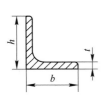

图 3-63　桁条截面形状

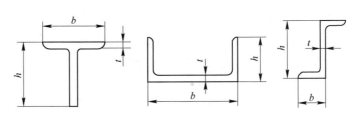

图 3-64　机身大梁的截面形状

3.3.2 梁缘条和桁条的修理

梁缘条和桁条的损伤类型主要有：缺口、裂纹和断裂等。修理时，应根据损伤的实际情况，采用不同的修理方法。

（1）缺口的修理

梁缘条和桁条边缘产生缺口时，需根据缺口宽度的大小（沿构件的截面测量），采用不同的修理方法。宽度较窄的缺口（一般小于5mm），只需将缺口锉修成光滑的弧形，用砂布打光后涂上底漆即可。当缺口宽度较宽时，需把缺口切割整齐，用填片填上缺口，并铆上加强片（见图3-65）。加强片的材料和厚度与原构件相同，宽度则比缺口的宽度稍大。

（2）裂纹的修理

梁缘条和桁条在使用过程中出现裂纹，说明构件在该处承担的载荷过大，需根据裂纹的长短（沿构件截面的方向）采用不同的修理方法。当构件边缘出现长度不超过2mm的裂纹时，可采用锉修法修理；当裂纹长度大于2mm，但小于构件一边宽度的三分之二时，可在裂纹末端钻$\phi1.5 \sim 2mm$的止裂孔后，用加强片加强，如图3-66所示；当裂纹的长度超过构件一边宽度的三分之二时，在裂纹末端钻止裂孔后，用与构件相同的型材加强，如图3-67（a）所示。对于钣弯件裂纹的修理与此相似，如图3-67（b）所示。

图3-65 缺口的修理

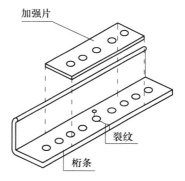

图3-66 裂纹的加强修理

（3）断裂的修理

梁缘条或桁条断裂后，如果断裂的构件较短又便于整根取下，可采用更换的方法进行修理，即取下断裂构件，用材料、规格相同的型材，制作新构件，按原孔铆接。

如果断裂的构件较长，不便于整根取下，修理时，首先将构件的断裂部分切割整齐，用与切割部位相适应的填补型材填平切割处，然后铆接一条接补型材，将断裂的构件重新连接成一体（见图3-68）。这样，在断裂处作用于构件一端的载荷，即可通过接补型材，传至构件的另一端，使断裂构件的强度得到恢复。这种修理方法，通常称为接补修理。

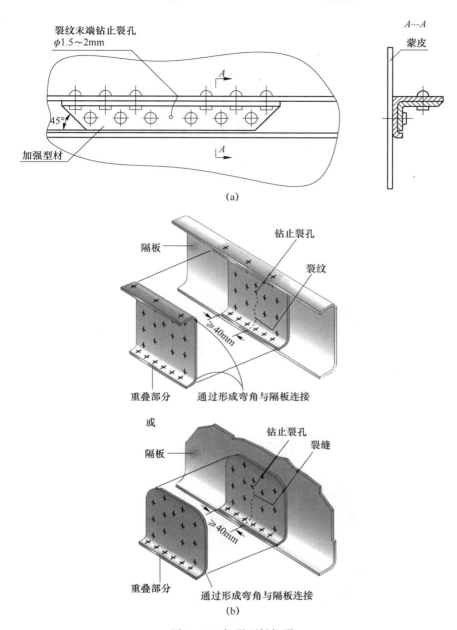

图 3-67　加强型材加强

接补修理的要求是：在恢复构件抗拉和抗压强度的前提下，尽可能减轻构件的重量，并力求施工方便。

①损伤部位的切割

切割损伤构件时，切割线应超出损伤范围 5mm，并且切割线应与构件垂直；切割后，用锉刀锉平切割缝，并涂刷油漆；若结构中有几根构件同时断裂，需事先用托架将损伤部件托住，再进行切割；切割时，必须使各构件的切割缝彼此错开，不要在

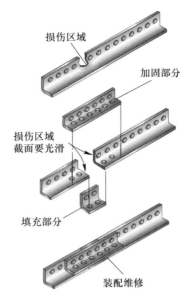

图 3-68 断裂构件的接补

结构的同一截面上，防止结构接补后，在该截面处的面积突然增大，引起应力集中，降低结构的强度。

②接补型材的选择

接补型材通常选择与构件材料相同、截面积相等的型材。如果没有同型号的型材，也可以用其他型材代替。但代用型材的抗拉强度（σ_b）和弹性系数（E）要大于或等于构件材料的抗拉强度和弹性系数。不同构件材料的代用材料见表 3-22。

表 3-22 型材代用材料表

构件材料	代用材料
LC4，LY12，45	30CrMnSiA
LC4，LY12	45
LY12，LD5，MB15，MB8	LC4
LD5，MB15，MB8	LY12
ZM-5	LD6

代用型材的截面形状应与损伤构件的截面形状相同。

③接补型材的安装

接补型材的安装方法通常有三种：一种是接补型材安装在构件的外侧，简称外侧接补，如图 3-69（a）所示；一种是接补型材安装在构件的内侧，简称内侧接补，如图 3-69（b）所示；一种是接补型材安装在构件的两侧，简称两侧接补，如图 3-69

（c）所示。

　　构件不论用哪种接补方法，施工时，均应将接补型材的两端削斜（一般为45°），如图3-69（d）所示。

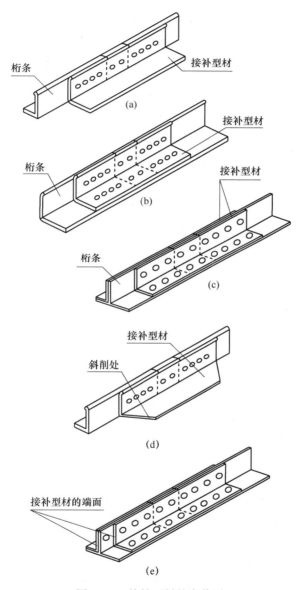

图 3-69　接补型材的安装图

　　采用内侧和两侧接补时，应将接补型材外棱角倒角，以保证接补型材与构件贴合紧密；同时，两侧接补时，还要使两根接补型材的端面彼此错开，不要在同一截面上，如图3-69（e）所示，以防构件接补后的截面面积突然增大而引起应力集中。

接补型材的三种安装方法各有其优缺点。外侧接补和内侧接补、两侧接补相比，施工比较简单。但是，外侧接补其接补型材的截面重心和构件的截面重心的距离较大（见图 3-70），接补后的构件在传递载荷时，作用在构件和接补型材上的力 P 都将分别通过它们各自的截面重心，这样一来，作用在构件和接补型材上的载荷不在一条直线上，因而出现一个弯矩 $M=P \cdot e$。这个弯矩，对受拉的构件来说，影响不大；对受压的构件来说，容易使构件失去稳定，产生纵向弯曲。由此可见，施工比较容易，但使构件受压的稳定性变差，是外侧接补的特点。

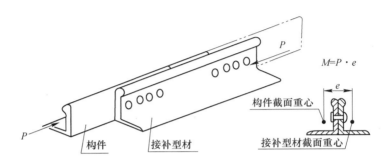

图 3-70　构件外侧接补后的受力情形

内侧接补和两侧接补，施工虽然比外侧接补复杂，但接补型材的截面重心和构件的截面重心之间的距离较小，构件受力时产生的偏弯矩也较小，因此，受压构件接补后不易失去稳定。因此，修理时应根据损伤构件的受力特点、截面形式、安装位置等特点合理地选择接补方法。

④钻孔铆接

为了保证缘条和桁条修理后具有应有的强度，一般规定，由于钻孔使构件强度削弱的程度，不得超过构件原来强度的 8%～10%。但是，缘条和桁条的宽度较窄，截面面积较小，即使在截面上多增加一个铆孔，也容易超过规定。因此，修理时应尽量利用构件原来的铆孔，如果需要钻制新孔，新孔的位置必须与原孔错开，不要在构件的同一截面上。钻好孔后，将填补型材安装在损伤部位，先把接补型材铆在构件上，再将填补型材铆在接补型材上。

（4）缘条和桁条修理时的强度计算

缘条和桁条经加强修理或接补修理后，作用于构件一端的载荷通过接缝一边的铆钉传递给加强型材（加强片）或接补型材，然后通过加强型材（加强片）或接补型材传至构件的另一端。接缝一边的铆钉数过少，构件受力时，铆钉容易被剪断，接缝一边的铆钉数过多，加强型材（加强片）或接补型材的长度就要相应地增长，这样，不仅增加了结构的重量，而且往往给施工带来困难。因此，对接缝一边的铆钉数需要进行计算。

①利用设计载荷进行计算

缘条和桁条加强或接补时的计算方法与蒙皮裂纹和破孔的计算方法类似，接缝一

边的铆钉数用下列公式计算

$$n_1 = \frac{P_{设}}{q_{破}} \qquad (3-17)$$

$$或\ n_2 = \frac{P_{设}}{P_{挤破}} \qquad (3-18)$$

式中：$P_{设}$——缘条或桁条的设计载荷，N。

　　式（3-17）是根据铆钉的破坏剪力计算的，式（3-18）则是根据铆钉的破坏挤压力进行计算的。由于 $q_{破}$ 往往小于 $P_{挤破}$，则 $n_1 > n_2$，因此，通常只采用式（3-17）来计算接缝一边的铆钉数。只有铆钉的材料强度高于构件的材料强度，或者构件的厚度较薄时，才用式（3-18）进行计算。

　　由式（3-17）和式（3-18）可以看出，要计算接缝一边的铆钉数，关键在于确定设计载荷（$P_{设}$），设计载荷的确定方法有以下几种：

　　a. 直接从修理资料中查得 $P_{设}$。

　　b. 当从修理资料中查得的不是 $P_{设}$，而是 $\sigma_{设}$ 时，可根据损伤构件的截面面积（F）按式（3-19）计算

$$P_{设} = F \cdot \sigma_{设} \qquad (3-19)$$

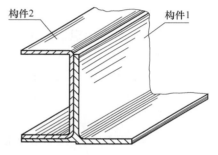

图 3-71　组合构件 $P_{设}$ 的确定

　　c. 当从修理资料中不能直接查得 $P_{设}$ 或 $\sigma_{设}$ 时，可按相邻构件的 $P_{设}$ 或 $\sigma_{设}$ 进行计算，或者用直线插入法近似地求出损伤构件的 $P_{设}$ 或 $\sigma_{设}$。

　　d. 当损伤构件为组合构件中的一个时（见图 3-71），可按下式计算损伤构件的设计载荷。

　　构件 1 的设计载荷为

$$P_1 = P_{设} \frac{E_1 F_1}{E_1 F_1 + E_2 F_2} \qquad (3-20)$$

式中：$P_{设}$——组合构件的设计载荷；

　　　E_1——构件 1 的材料弹性模量；

　　　E_2——构件 2 的材料弹性模量；

　　　F_1——构件 1 的横截面积；

　　　F_2——构件 2 的横截面积。

　　构件 2 的设计载荷为

$$P_2 = P_{设} \frac{E_2 F_2}{E_1 F_1 + E_2 F_2} \qquad (3-21)$$

　　计算步骤为：第一步，根据构件的损伤部位，确定其设计载荷 $P_{设}$；第二步，确定铆钉的材料和直径；第三步，确定铆钉的破坏剪力或破坏挤压力；第四步，按公式计算铆钉数；第五步，确定加强型材或接补型材的长度。加强型材或接补型材的长度可以在布置铆钉的过程中求出，也可由式（3-22）计算

$$L = 2\left[2c + \left(\frac{n}{m} - 1 + k\right)t\right] + l_{切} \qquad (3-22)$$

式中：n——铆钉数；

$\quad\quad m$——铆钉排数；

$\quad\quad t$——铆距；

$\quad\quad l_{切}$——构件损伤部位的切割长度；

$\quad\quad k$——系数，当铆钉的排数 $m = 1$ 或并列排列时，$k = 0$；

$\quad\quad\quad$当铆钉交错排列时，$k = 0.5$。

②利用等强度法进行计算

等强度法计算的步骤如下。

第一步，求出损伤构件的实际横截面面积

$$F = F_0 - m_{孔} \cdot d \cdot \delta \qquad (3-23)$$

第二步，求出损伤构件的破坏拉应力

$$\sigma_{破} = k \cdot \sigma_{b} \qquad (3-24)$$

第三步，计算出损伤构件的破坏载荷

$$P_{破} = \sigma_{破} \cdot F \qquad (3-25)$$

第四步，求接缝一边的铆钉数 n

$$n = \frac{P_{破}}{q_{破}} \qquad (3-26)$$

第五步，确定接补型材或加强型材的长度。

综合比较上面两种计算方法。用设计载荷计算，是根据构件具体受力的大小，求出铆钉数，比较接近实际。但是，这种计算方法需要知道构件的设计载荷，在实际修理工作中，往往缺乏这方面的资料。与此相反，等强度法计算，只要知道构件的材料和截面尺寸，就可以求出铆钉数。然而用这种方法计算出的铆钉数往往偏多，接补修理时，接补型材的长度也就要相应增长。这样，不仅增加了结构的重量，而且往往给施工带来困难。为此，在知道设计载荷的情况下，最好按设计载荷计算；在缺乏资料的情况下，采用等强度法计算。用等强度法计算后，对于机身大梁和缘条，铆钉强度虽有富余，但由于这类构件受力较大，通常不减少铆钉的数量；对于机身上的桁条用等强度法计算后，铆钉强度富余过多，需根据构件受力的具体情况，适当地减少铆钉的数量，减少的原则是：

第一，桁梁式机身，弯曲时产生的载荷主要由梁承担，桁条的作用主要是增加蒙皮的稳定性，接补这类桁条，用等强度法计算后，减少的铆钉数就可以多一些。

第二，桁条式机身，由于桁条和梁、蒙皮一起承担弯曲时的载荷，用等强度法计算后，应根据桁条损伤的具体部位，酌量地减少铆钉的数量。

第三，沿构件纵向，在一条铆钉中心线上的铆钉，其数量不能少于两个，以防止桁条受轴向力产生偏弯矩时，使铆钉损坏。

实习科目七：桁条的接补

任务描述：米-17B-5 直升机尾梁桁条断裂，缺口宽度约 15mm，请查阅直升机修理手册和标准工艺手册，完善下表并按表进行操作。

×××学院	直升机结构修理课程实训任务工卡				卡号：JGXL-07	
工卡标题	桁条的接补					
机型	米-17B-5		工作区域			
版本			学时			
参考资料	米-17B-5 直升机标准工艺手册、修理手册					
注意事项	1. 工作前认真阅读教材； 2. 注意人员之间的协调配合，合理分工； 3. 工作过程中保持秩序					
编写/修订		审核		批准		
日期		日期		日期		
工具/设备/耗材						
类别	名称	规格型号	单位	数量	工作者	检查者
工具	铆枪	M0501	把	1		
	冲头	4mm 半圆形窝	个	1		
	气钻	Z601	把	1		
	木锤					
	钻头					
	…					
	…					
设备	空气压缩机					
耗材	铆钉					
	铝型材					
1. 工作任务					工作者	检查者
桁条的接补						

（续表）

2. 工作准备		工作者	检查者
准备好工具、设备、耗材			
3. 工作内容		工作者	检查者
工作步骤	工作记录		
（1）对缺口部位进行切割整形			
（2）按照缺口尺寸，确定填充部分的长度并下料			
（3）按照缺口尺寸计算接补型材的尺寸并下料			
（4）对填充部分和接补型材进行去毛刺、倒角处理			
（5）布置铆钉			
（6）钻孔、去毛刺、铆接			
（7）…			
（8）…			
4. 结束工作		工作者	检查者
（1）清点工具； （2）恢复场地； （3）归还工具并做好登记			

3.3.3 梁腹板的修理

腹板由薄板制成，通常用螺栓或铆钉与缘条连接，承受剪力。直升机的腹板可能产生破孔、裂纹等损伤。修理时，必须根据腹板损伤的轻重程度、损伤的具体部位，采用不同的修理方法。

3.3.3.1 腹板裂纹的修理

裂纹通常出现在工艺孔或紧固件孔边。修理时，在裂纹端头钻止裂孔，用与腹板材料同厚度的板材加强。加强片的尺寸根据铆钉的数量和布置确定。当加强片与腹板贴合面有密封要求时，需要在接合面涂胶，紧固件也要浸密封胶安装，并且还要在加强片周围涂密封胶。另外，加强片安装前应涂漆。

3.3.3.2　腹板破孔的修理

（1）锉修法

锉修法就是将腹板上的破孔锉修成光滑的圆孔或椭圆孔。锉修后，在孔的四周涂上油漆，以防腐蚀。锉修法不能恢复腹板损失的强度，因此，锉修法的使用有以下限制：

①只适用于修理直径较小的破孔，一般规定，破孔的直径应小于 40mm。

②锉修后的圆孔或椭圆孔，其边缘与其他孔边缘的距离不宜过小。因为距离过小，腹板受剪时容易在该部位失稳而产生变形。为此，通常规定，破孔边缘与附近其他孔的边缘距离不得少于 40mm。

③用锉修法修出的圆孔或椭圆孔，其边缘与缘条的距离不宜过小。因为缘条受拉或受压时，容易使腹板失稳而变形。因此，通常规定，破孔边缘与缘条的距离也不得少于 40mm。

以上限制可用图 3-72 表示。

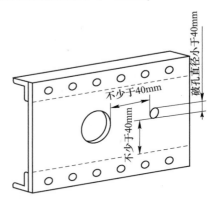

图 3-72　腹板锉修孔的规定

（2）盖板补法

盖板补法如图 3-73 所示，将腹板上破孔切割、锉修成规则形状后，铆上一块与腹板材料相同、厚度相等的盖板，以弥补腹板损伤处的强度。

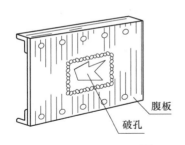
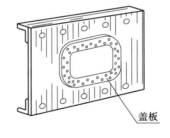

图 3-73　盖板补法

当破孔靠近一根缘条时，应钻去腹板损伤处与缘条连接的铆钉，将盖板、腹板和缘条三者铆在一起（见图 3-74）。当破孔直径较大，上下两端都靠近缘条时，将盖板做成 X 形，盖板上下两端与缘条连接，中部与腹板铆接，以增加修理部位的稳定性（见图 3-75）。

3.3.3.3　腹板切割修理

腹板上有密集的破孔或者裂纹时，则需要更换一段新腹板。首先全部切除腹板的损伤部分，再用与腹板材料相同、厚度相等的板材制作一段新腹板。将新腹板填入切割口，代替已切除的腹板，然后在接缝处铆接 X 形连接片，使新腹板与原腹板连接成一体，如图 3-76 所示。

腹板损伤修理时，裂纹一边的铆钉数、盖板中心线一侧的铆钉数以及切割缝一边连接片上的铆钉数可按实际需要确定，必要时可通过计算确定。计算方法可采用设计载荷计算法或等强度法。其计算公式如下

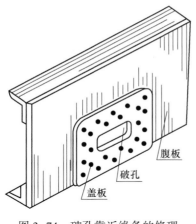

图 3-74　破孔靠近缘条的修理

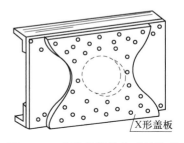

图 3-75　破孔直径较大时的修理

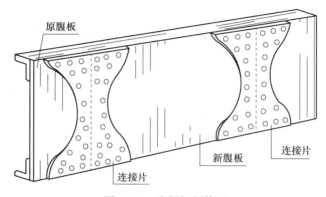

图 3-76　腹板切割修理

$$n = \frac{Q_{设}}{q_{破}} \tag{3-27}$$

或

$$n = \frac{Q_{破}}{q_{破}} \tag{3-28}$$

式中，$Q_{设}$ 是腹板损伤处的设计载荷，它等于损伤截面积（$F_{损}$）与设计剪应力（$\tau_{设}$）的乘积，$Q_{破}$ 是腹板损伤处的破坏载荷，它等于损伤处的实有截面积（$F_{损}$）与破坏剪应力（$\tau_{破}$）的乘积。

3.4　隔框的修理

隔框主要用来维持机身的截面形状，承受和传递局部空气动力载荷或集中载荷。现代直升机上的框大都是组合隔框，由型材和腹板通过铆接而成；一些非承力隔框由铝合金或钛合金板材弯制而成，如米系列直升机尾梁隔框，除用于对接的 1 号和 17

号隔框外，其余 15 个隔框均为由硬铝板材弯制而成的 Z 形隔框。隔框的外侧通过胶结、铆接等形式与蒙皮或侧壁板进行连接，并开有可穿过桁条的槽。有些加强隔框和对接隔框，还要承受集中载荷，通常由专用铝型材制成或由铝坯通过挤压制成，如米系列直升机中机身 7 号和 10 号框安装有主减速器。直升机在日常训练过程中，隔框可能产生范围较小的变形、裂纹或破孔等，也可能产生范围较大的损伤。修理的要求是恢复损伤框肋的外形和强度。本节主要讲述铝合金框损伤范围较小时的修理方法和损伤范围较大时的更换方法。

3.4.1　隔框损伤范围较小时的修理

（1）变形的修理

框的变形多出现在框的腹板上，可采用整形的方法恢复平整。如果整形后仍有鼓动，可在变形部位铆接加强片或型材，以提高框的稳定性。

加强片的材料、厚度与框相同，尺寸则稍大于变形部位，每边能铆两排以上的铆钉。型材的安装方向必须根据框的受力情况确定。我们知道，直升机在飞行中，作用于隔框上的压力通常沿着隔框的径向，作用于腹板上的剪力通常沿着它的高度方向，因此，加强型材应安装在隔框的径向（见图 3-77），以便有效地提高框受压或受剪时的稳定性。

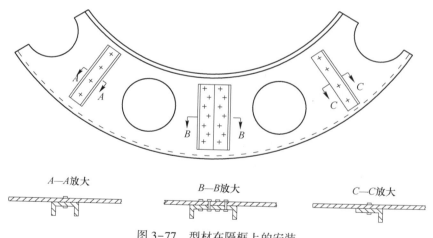

图 3-77　型材在隔框上的安装

（2）裂纹的修理

框上的裂纹，长度在 5mm 以内时，对框的强度削弱不多，修理时可在裂纹端头钻直径 1.5~2mm 止裂孔后使用；对于在减轻孔、槽口等原切口边缘处出现的不长于 5mm 的裂纹，可将裂纹锉修圆滑，不必加强。当框上的裂纹长度超过 5mm，但未超过框截面高度的三分之一时，除在裂纹末端钻止裂孔外，还需铆上一块与框材料相同、厚度相等的加强片（见图 3-78），加强片的尺寸根据裂纹长短确定，一般能保证在裂纹每边铆 1~3 排铆钉即可；加强片的形状则根据框裂纹部位的形状确定。当裂纹的长度超过框截面高度的三分之一时，使框的强度降低很多，此时应按框的断裂方法修理。

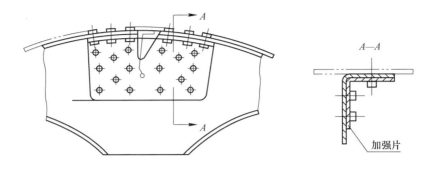

图 3-78　隔框裂纹的修理

（3）破孔的修理

框上产生破孔后，必须根据破孔在框、肋的不同位置，采用不同的方法。破孔在框腹板的中部，只需将损伤部位锉修整齐，沿破孔四周用两排铆钉铆上补片。补片的材料和厚度与框相同。

当破孔损伤扩大到弯边或靠近弯边时，将损伤区切割整齐，并制圆角，如图3-79所示；根据切割部分的形状和大小，用与框同材料、同厚度的板材制作一块带弯边的补片和一块连接片，与损伤框铆成一体。

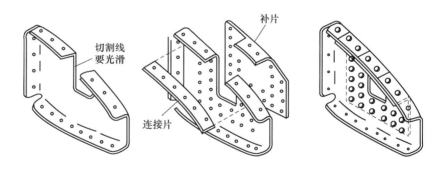

图 3-79　破孔的修理

（4）断裂的修理

隔框断裂后，强度降低较多，需要进行接补修理。

隔框断裂时，可按图3-80所示的方法进行接补。补片的材料和厚度与原隔框相同。补片的形状为 X 形；补片的长度视隔框的厚度而定。对于厚度在 1.2mm 以下的隔框，补片的长度不少于 100mm，并用直径为 3.5mm 的铆钉铆接；对于厚度等于或大于 1.2mm 的隔框，补片的长度不少于 160mm，用直径为 4mm 的铆钉铆接。铆钉通常是交错排列，边距 c 等于 10mm；铆距 t 为 30～35mm；排距 a 等于 15mm。

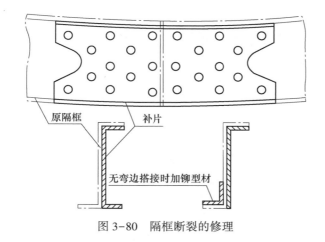

图 3-80　隔框断裂的修理

3.4.2　隔框损伤范围较大时的修理

框损伤范围较大时，需要更换损伤部分，以恢复框的外形和强度。更换时通常分以下四个施工阶段，即切割与拆卸框的损伤部分、配制一段新框、确定新框的安装位置和铆接新框。

（1）切割与拆卸损伤部分

切割与拆卸框的损伤部分，需要注意以下三点：

①要尽可能地缩小切割与拆卸的范围。为此，切割前需要对框的损伤部位进行整形，使轻微变形的部位得到恢复，切去不能整形的部位；拆卸时，不可乱拆乱卸，对那些可拆可不拆的零件或构件，一般不要拆除，这样，可以节约人力、物力。

②要便于安装。在拆卸中，对于那些能确定新框安装位置的零件或构件和重新安装较困难的零件一般不要拆除。在拆卸过程中，必须根据损伤框的具体情况分析研究，划清许做和不许做的事情的界限，以利于新框的安装。

③防止结构变形。当机身上的框损坏较多，切割与拆卸时，还需要注意的问题是防止结构变形。为此，需在机身下部放置托架，并按一定的顺序采用边拆边修的方法。其顺序是：先切割修理与其他部件相连接的框，后切割修理其他的框，在其他框中，先修理加强框，后修理普通框。

（2）配制新框

①按照损伤框的实样制作新框。一般要求新制框的材料应与损伤框的材料相同、厚度相等，根据需要也可将材料厚度相应增加。

②制作新框之前，需检查损伤框铆钉孔处的边距是否足够，边距不够的地方，在制作新框时应放出余量，保证新框在铆接时有足够的边距。

③制作新框，要求外形准确。应以模胎制作，样板检验。如果框外形不标准，机身外形难以保证，特别是双曲度外形蒙皮一起损坏，若新制件也不标准时，就会造成积累误差，将使在安装定位时外缘弧度间隙过大，形成加厚垫或强迫装配，影响铆接质量。

（3）确定新框的安装位置

新框的安装位置，包括框本身的安装位置和接头的安装位置，这一工作，对修理工作来说，通常称为定位。

新框的安装位置不准确，将改变整个框的外形。因此，新框的定位是更换框的重要一环。

新框在安装前，它可以沿 OX、OY 和 OZ 三个轴移动以及绕这三个轴转动，如图 3-81 所示。

新框的定位，就是正确地消除这些移动和转动，使新框处于正确的位置。定位时，使新框与原框同处于一个平面内，这样，新框就不能沿 OY 轴移动，也不绕 OX 与 OZ 轴转动；使新框的外形轮廓线与原框一致，这样，新框就不能沿 OX、OZ 轴移动，也不绕 OY 轴转动（见图 3-82）。因此，新框的定位可以归结为两个方面：一是使新框与原框同处于一个平面内；二是使两者的外形轮廓线一致。这就是框定位中需要完成的任务。

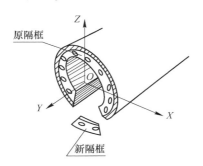
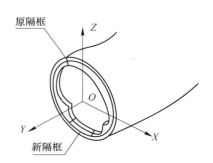

图 3-81　新框的安装　　　　　　　图 3-82　新框的定位

新框的定位可以采用以下几种方法来完成：

①用未损伤的构件来定位

这种方法在修理工作中应用较多，由于未损伤构件是新框定位的依据，因此要求未损伤构件没有变形和移位；要求未损伤构件具有一定的刚度，以免在定位工作中产生变形；要求未损伤构件能够准确地确定新框的位置。

②用测量的方法来定位

直升机上各个隔框间的距离是有规定数据的。修理工作中，常常用这些数据来确定新隔框的前后位置，使新隔框与原隔框同处于一个平面内。

用测量的方法来定位需要注意两个问题：第一是基准的选择；第二是基准的数目。定位基准是确定新框位置的依据。定位基准选择得正确与否，直接影响新框的安装位置。因此，定位时，应选用强度和刚度大的加强框作为定位基准，不可用容易变形的普通框作为定位基准。

定位时，基准的数目不宜过多。基准数目过多，容易产生相互矛盾，难以保证定位的准确。一般情况下，在一段结构中（如前机身、后机身）沿一个坐标轴的方向以取一个基准为宜，以免由于改变基准而产生较大的积累误差，造成装配困难。

③用横向样板来定位

横向样板是按机身横向截面外形制作的反切面外形样板。定位时，先将样板卡在机身蒙皮上，使其外形轮廓线和样板轮廓线均匀地保持规定的间隙（其大小等于蒙皮厚度）。这样，新隔框与原隔框就同在一个平面内，而且轮廓线一致，构成了整个框的正确外形。图 3-83 是用横向样板确定新隔框位置的情形。

④用纵向样板来定位

纵向样板是根据机身纵向截面形状制作的样板。样板跨越多个隔框，样板上有表明各隔框截面位置的标记线。利用纵向样板和邻近完好的隔框来确定新隔框的位置的方法，称为纵向样板定位法。

用纵向样板安装新隔框时，将 2~3 块纵向样板分别置于机身下部的不同位置，样板与梁、桁条平行，样板上的标记线与邻近完好的隔框对准。这样，样板左端的点（见图 3-84 中的 A、B、C）所组成的平面与原隔框的平面一致，三点所组成的弧线就是机身的正确外形。然后，将新隔框安装于 A、B、C 三点所组成的平面内，并使其外形轮廓线与三点之间保持一定间隙（该间隙等于蒙皮的厚度）。这样，新隔框与原隔框同在一个平面内，两者的外形轮廓线相一致，新隔框的位置就被准确地确定下来了。

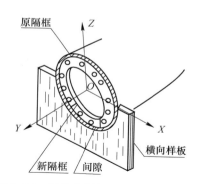

图 3-83　用横向样板确定新隔框的位置

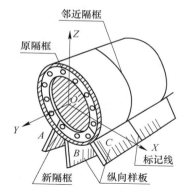

图 3-84　用纵向样板确定新隔框的位置

机身某些加强框往往装有用于其他部件的接头（也称接耳）。在更换新隔框时，如果接头在隔框上的位置不正确，就会改变部件的安装位置，影响它们的正常工作。

在隔框上安装接头的步骤：先用 G 形夹将接头临时固定在隔框上，再确定接头的安装位置（即接头的定位），最后用螺栓或螺钉将接头固定在隔框上。

图 3-85 所示的接头，在隔框平面上只可能沿 OX 轴、OZ 轴移动和绕 OY 轴转动，这是接头定位区别于隔框定位的特殊点。定位时，必须使接头边缘到 OYZ 平面的距离（L）符合规定，消除它沿 OX 轴的移动；还必须使接头孔中心线到 OXY 平面的距离（h）符合规定，消除它沿 OZ 轴的移动和绕 OY 轴的转动。这样，接头就处于正确的安装位置。在机体结构中，确定接头位置的 OYZ 平面是机身的对称面，OXY 平面为机身的水平基准面。在修理资料的平面图中直升机的对称面为一条直线，即直升

机对称轴线；直升机的水平基准面也为一条直线，即直升机水平基准线，因此，在修理资料中，通常规定接头到直升机对称轴线和水平基准线的距离。

接头孔中心到直升机水平基准线的距离，可用水平视线测量法确定。首先将直升机调到纵横水平位置，并在接头孔中插入一根轴（或螺栓），然后用水准仪测量出轴（或螺栓）的中心与直升机水平基准线的高度差，即为两者间的垂直距离，如果高度差不符合要求，可以移动接头，使其达到规定数据。

接头边缘与对称轴线的距离，通常采用投影测量法来确定，首先将直升机调到水平位置，再用挂铅垂线的办法，找出直升机对称面在地面上的投影线，在隔框上悬挂铅垂线，并使其铅锤落在地面的投影线上，此时，隔框上的铅垂线即为直升机的对称轴线，然后用直尺测量接头边缘到直升机对称轴线的水平距离（见图3-86），移动接头，使其符合规定。

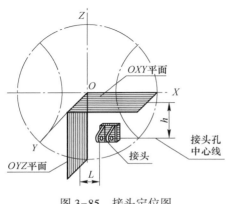

图3-85　接头定位图

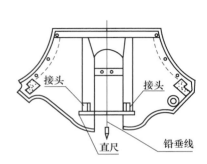

图3-86　在隔框上挂铅垂线

（4）新隔框铆接

新隔框铆接前必须试安装修理部位有关机件（该机件应为经修理后的合格品或新品），以校正定位工序的准确性。

铆接新隔框时有两个要求：一要保证铆接强度；二要防止铆接变形。

为了保证铆接强度，铆接时应按原来隔框的铆接情况，根据图样规定和一般工艺要求，正确选用铆钉并合理布置铆钉。

为了防止铆接变形，铆接前须用施工螺钉或定位销将隔框临时固定；铆接时应正确选用铆接工具，尽量采用直接铆接法，并按对称的顺序进行铆接。

第4章 直升机复合材料结构修理

复合材料的使用已有数千年的历史，例如，距今 6000 多年前，我国陕西半坡人就开始使用草梗和泥筑墙；我国世界闻名的工艺品——漆器就是由麻纤维和土漆复合而成的，距今已有 4000 多年的历史。20 世纪 40 年代，因航空工业的需要，发展了玻璃纤维增强塑料（俗称玻璃钢），从此复合材料进入了快速发展阶段；50 年代以后，陆续发展了碳纤维、石墨纤维和硼纤维等高强度与高模量纤维；70 年代出现了芳纶纤维和碳化硅纤维。这些高强度、高模量纤维能与合成树脂、碳、石墨、陶瓷、橡胶等非金属基体或铝、镁、钛等金属基体复合，构成各具特色的复合材料。随着科学技术的不断进步，先进复合材料成本降低，其在航空航天领域的应用越来越广泛，在新型直升机上的利用率也越来越高，在修理这些先进复合材料结构时，必须掌握复合材料分类、制造的相关知识。

4.1 复合材料概述

4.1.1 复合材料的定义

由于现代复合材料的发展仅有几十年的历史，复合材料的理论尚不成熟，目前仍在不断发展中。用几句话对复合材料下个确切的定义，还缺乏必要的理论根据，所以各国对复合材料的定义和解释不完全相同。工程上将两种或两种以上的材料在宏观尺度上组成的新材料称为复合材料。这个定义强调了"宏观尺度"和"新材料"两点。合金虽然在微观上可以辨认出是由多种元素组成的，但它不属于复合材料。

复合材料通常由基体材料和增强材料两大组分构成，如图 4-1 所示，组分材料之间有明显的界面，宏观上呈现出各向异性特性，是非均质的。复合材料不仅保持了组成材料自身原有的一些优良性能，而且彼此补偿，明显改善或突出了一些特殊性能，成为一种新型材料。改善组合材料品种、比例、分布、排列和取向等要素，可以得到不同品种和性能的复合材料。例如，轮胎是由橡胶中加入尼龙帘子线或钢丝线等构成的复合材料，钢筋混凝土是由混凝土与钢筋组成的复合材料。上述这些复合材料均由连续相和不连续相（也称分散相）两大部分构成，例如，轮胎中橡胶是连续相，称为基体（或称为基料、母体、基材等）；而尼龙帘子线是不连续相，称为增强材料（或称为增强体、增强剂、增强材等）。一般来说，复合材料是由连续相和不连续相构成的，但也有例外，可全由连续相或不连续相构成，如微孔陶瓷、泡沫陶瓷等。

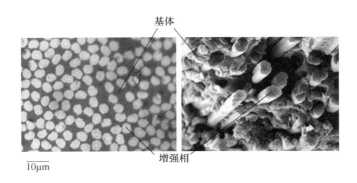

基体

增强相

10μm

图 4-1　复合材料的组成成分

4.1.2　复合材料的分类

复合材料的分类方法很多，常用复合材料的分类如表 4-1 所示。

表 4-1　复合材料的分类

分类方式	名称	说明
按基体类型分类	金属基复合材料	基体材料为金属材料，如铝、钛等
	聚合物基复合材料	基体材料为聚合物材料，如橡胶、热固性树脂、热塑性树脂等
	陶瓷基复合材料	基体材料为陶瓷，如高温陶瓷、玻璃陶瓷等
	水泥基复合材料	基体材料为水泥
	碳基复合材料	基体材料为碳、石墨
按增强体形式分类	颗粒增强复合材料	增强体为微小颗粒，如微米颗粒、纳米颗粒
	纤维增强复合材料	增强体为纤维，又可分为连续纤维和不连续纤维两类，其中连续纤维又可分为单向纤维、二维织物和三维织物，不连续纤维又可分为晶须和短纤维
	片材增强复合材料	增强体为片材，如人工晶片、天然片状物等
	层叠式复合材料	由若干个单层，按照一定的规律铺叠而成
按使用功能分类	结构复合材料	能够作为承力构件使用的复合材料，如玻璃纤维增强复合材料、碳纤维增强复合材料等
	功能复合材料	具有特殊性能的复合材料，如红外隐身复合材料等

（1）按基体类型分类

复合材料所用基体主要是有机聚合物，也有少量金属、陶瓷、水泥及碳（石墨）。

（2）按增强体形式分类

复合材料通常也可以按增强体形式分类，如颗粒增强复合材料、纤维增强复合材料、片材增强复合材料和层叠式复合材料，其结构示意图如图 4-2 所示。

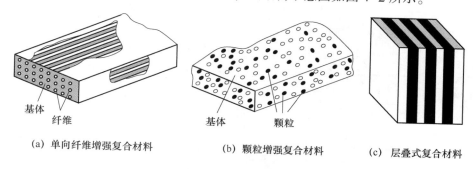

（a）单向纤维增强复合材料　　　（b）颗粒增强复合材料　　　（c）层叠式复合材料

图 4-2　不同复合材料结构示意图

（3）按使用功能分类

复合材料按照使用功能可分为结构复合材料和功能复合材料。结构复合材料主要是作为承力结构使用的复合材料，它基本上是由能承受载荷的增强体组元与能连接增强体成为整体承载，同时又起分配与传递载荷作用的基体组元构成的。功能复合材料具有某种特殊的物理或化学特性，如声、光、电、热、磁、耐腐蚀、零膨胀、阻尼、摩擦或换能等。

航空领域中使用的复合材料主要是"纤维/基体"型复合材料，其名称的表述方式一般写成"纤维/基体"形式，目前所使用的纤维主要有石墨纤维、玻璃纤维、芳纶纤维、硼纤维等，基体材料主要有树脂、陶瓷、金属等，如石墨/环氧树脂复合材料、玻璃/环氧树脂复合材料等。

4.1.3　复合材料的特性

在直升机上主要是纤维增强复合材料，这里只对纤维增强复合材料进行介绍。纤维增强复合材料是制作复合材料结构件的主要材料。高强度、高模量纤维是理想的承载体。纤维与基体复合后，基体提供一个连续的介质，既保持了纤维的铺设方向，又从结构上保证了纤维的载荷传递，允许纤维承受压缩和剪切载荷。同时，基体在纤维间起着分散和传递载荷的作用，也能起到分离和保护纤维的作用。在这里，纤维和基体之间的接合面——界面是非常重要的。界面质量对性能，特别是横向性能和剪切性能的数值和分散性影响很大，对分析破坏现象起着重要作用。总之，复合材料由纤维、基体、界面三个结构单元构成，它不仅是一种材料，而且也可以说是一种结构物，这种结构不仅保留了单一组分的优点，而且还具备其单一组分材料所不具备的其他优越性能，这是复合材料应用越来越广泛的原因。复合材料的特点主要有以下几个方面：

（1）比强度、比弹性模量高

比强度是材料抗拉强度与材料密度之比。比弹性模量是材料弹性模量与材料密度之比。比强度和比弹性模量是材料性能的重要指标，高的比强度、比弹性模量可使结构质量大幅度减小。复合材料的比强度、比弹性模量比一般金属、陶瓷材料高得多。各类材料性能比较如表 4-2 所示。

表 4-2　各类材料性能比较

材料	密度 ρ/$(g \cdot cm^{-3})$	抗拉强度 σ_b/MPa	弹性模量 E/GPa	比强度 σ_b/ρ/$(MPa \cdot m^3 \cdot kg^{-1})$	比弹性模量 E/ρ/$(MPa \cdot m^3 \cdot kg^{-1})$
钢	7.8	1010	206	0.129	26
铝	2.8	461	74	0.165	26
钛	4.5	942	112	0.209	25
玻璃钢	2.0	1040	39	0.520	20
碳纤维 II /环氧树脂	1.45	1472	137	1.015	95
碳纤维 I /环氧树脂	1.6	1050	235	0.656	147
有机纤维 PRD /环氧树脂	1.4	1373	78	0.981	56
硼纤维 /环氧树脂	2.1	1344	206	0.640	98
硼纤维/铝	2.65	981	196	0.370	74

（2）各向异性和可设计性

金属材料是各向同性的均质材料，而纤维复合材料呈现各向异性，且是非均质的。因此，设计、分析、计算这种材料时比各向同性材料要复杂些。但是，复合材料具有可设计性，使复合材料结构有可能按结构特点更好地达到优化设计，从而使设计的结构具有更高的结构效率。

（3）良好的抗疲劳性能

纤维复合材料中存在着不同的相与界面，这些不同的相与界面能减缓和阻止裂纹进一步扩展，从而推迟疲劳破坏的发生。这种材料如果要发生疲劳破坏，事先也有明显的预兆，不像金属材料那样是突发的。复合材料的抗疲劳性能如图 4-3 所示。

（4）成型工艺性好

复合材料的最大特点是容易成型。任意型面的零件，可成型出共固化乃至整体式的结构，且工序少、时间短、产品更新快、有利于降低制造成本等。其中共固化与整体成型形成了整体结构，提高了结构的承载能力，减少了零件的数量和紧固件数目。

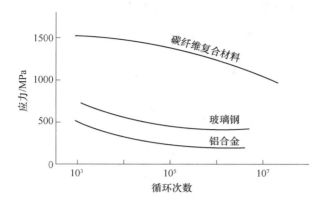

图 4-3　复合材料的抗疲劳性能

（5）良好的尺寸稳定性

在诸多的结构材料中，纤维复合材料可获得良好的尺寸稳定性。碳纤维的热膨胀系数几乎等于零。而且复合材料的热膨胀系数是可调整的。因此，结构通常设计成零膨胀的，具有良好的尺寸稳定性。

（6）抗腐蚀性能好

复合材料在苛刻环境条件下也不会被腐蚀，这一条优点显得越来越重要。

（7）层间强度低

复合材料也有弱点，主要表现为层间承载能力低，层与层之间仅仅靠层间界面承载，层间破坏导致层间分层，使复合材料提前失效。

（8）原材料成本较高

目前，组成先进复合材料的增强材料还相当昂贵，因此设计人员必须仔细估计结构成本，并寻求降低原材料、制造、检验和修理成本的途径。

（9）冲击韧性差

碳纤维复合材料比较脆，抗冲击载荷能力差，甚至低能量的冲击也会产生内部损伤，这也是其缺点之一。

4.1.4　复合材料构件的成型与制造

复合材料构件的成型完全不同于传统金属构件的制造。复合材料构件的制造是材料成型与构件成型同时完成的。它显示出复合材料技术中材料、设计和制造三者间的密切联系。就复合材料而言，构件性能与制造工艺紧密相关，即构件的质量在很大程度上依赖于制造技术。因为复合材料构件在制造工艺过程中，伴随着物理的、化学的或物理化学的变化，要结合这个特点制定与控制工艺过程，使工艺过程得到保证。

复合材料主要构件成型工艺方法如表 4-3 所示。下文我们对真空袋成型法、压力袋成型法、热压罐成型法、模压成型法、缠绕成型法进行简单介绍。

表 4-3　复合材料主要构件成型工艺方法

方法名称	优缺点	适用范围
真空袋成型	温度场均匀，但压力较低	低压成型树脂板材，蜂窝件
压力袋成型		
热压罐成型	提供均匀的温度、压力场	大面积板材、异型材，蜂窝件
模压成型	提供足够的压力与温度	板壳件，实心带扭角零件
缠绕成型	有利于利用纤维连续承载的优点	筒壳，板材
拉挤成型	连续快速高效生产	各种型材，规则板条
软模成型	借橡胶膨胀或橡皮袋充气加压提供固化压力	共固化整体成型件
喷射成型	设备简单，效率高	短纤维增强树脂板材

（1）真空袋成型法

真空袋成型（见图 4-4）通常在能提供加温的环境中进行。在真空压力下固化成型复合材料构件时，要求采用的树脂基体能在低压下成型。这是我们在直升机修理中常用的加压方法。

（2）压力袋成型法

压力袋成型法（见图 4-5）是在真空袋成型法的基础上发展起来的。工作压力除真空压力外，还加有 0.1~0.2MPa 的附加压力，此压力由压缩空气产生。足够的压力用于制造比真空袋法范围更广一些的复合材料构件，包括蜂窝夹层结构。

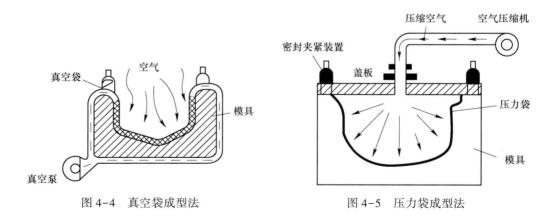

图 4-4　真空袋成型法　　　　图 4-5　压力袋成型法

（3）热压罐成型法

利用罐体内部均匀温度场和空气压力对复合材料叠层毛坯加温加压，以达到固化的目的，如图 4-6 所示。本法适合于制造大型板壳和夹层结构。

（4）模压成型法

模压成型在压机上成型，因此压力调节范围较大。由此法制作的复合材料构件尺寸精度高。该法适合于成型复杂型面的构件，通常采用阴阳模，以模具内腔确保构件精度，因此模具材料与模具形状的选择，以及模具的加工精度甚为重要，如图 4-7 所示。

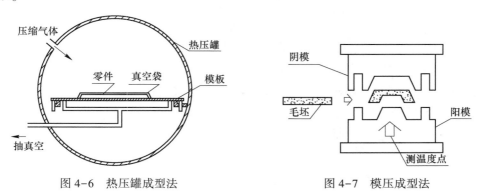

图 4-6　热压罐成型法

图 4-7　模压成型法

（5）缠绕成型法

缠绕成型法（见图 4-8）能充分发挥连续作业的特点，有益于利用纤维承载的能力。在成型工艺上分干法缠绕和湿法缠绕两种。

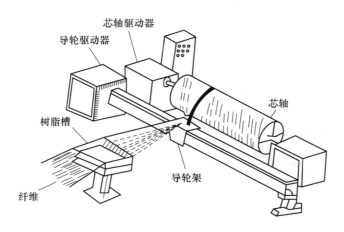

图 4-8　缠绕成型法

4.1.5　复合材料在直升机上的应用

由于复合材料比强度、比模量高，其应用能够有效减小直升机结构重量，因此在直升机上得到了广泛应用。此外，采用复合材料制成的直升机结构与传统金属材料制成的直升机结构相比，具有一个很大的优势：可以提高直升机的抗坠毁能力。其原因在于复合材料结构本身是一种多余度结构，防破坏安全性好，吸收能量主要靠层间开裂、纤维和基体的断裂、纤维拔出等。

在近现代直升机上，复合材料的用量较一般军、民用固定翼机还要多。在美国对直升机有一个 ACAP 计划（先进复合材料应用计划），在此计划下 H-360、S-75、BK-117等直升机和 V-22 倾转旋翼机均大量采用了复合材料。如垂直起落倾转旋翼后又能高速巡航的 V-22 采用复合材料近 3000kg，占结构总重的 45%左右，其中包括了机身机翼的大部分结构以及发动机悬挂接头和叶片紧固装置。美国的轻型侦察攻击直升机 RAH-66，具有隐身能力，复合材料用量约 50%，机身龙骨大梁长 7.62m，铺层最多处达 1000 层。欧洲法、德合作研制的"虎"（Tiger）式武装直升机，复合材料用量高达 80%。中国台湾纬华直升机公司研制的超轻型直升机，双座的整机重量仅180kg，机体结构基本上全是碳及混合复合材料。我国现有的 S-70C、直 9 系列直升机的机体、整流罩等都大量采用了复合材料。

当前复合材料在直升机机身结构和旋翼系统上应用最为广泛。旋翼作为直升机的关键部位，决定着直升机的性能和飞行质量以及可靠性，因此对材料刚度、强度及抗疲劳性能都有很高的要求，而复合材料在这方面具有其自身优势。复合材料桨叶的应用，使得直升机的结构重量大大减小，寿命大大延长，提高了直升机的安全性，降低了桨叶的使用成本。此外，采用复合材料桨叶可取消桨毂的水平铰和垂直铰，使桨叶和桨毂成为刚性连接，从而大大简化了桨毂结构，减少了零件数量，缩短了制造周期，降低了成本。

4.2 复合材料损伤及检测

4.2.1 复合材料的损伤

损伤和缺陷对结构的影响可以简单地分为两类：一类是对结构强度和刚度影响很大，降低到设计不能允许的水平，对这类损伤结构必须进行修补或更换；另一类缺陷和损伤较小，其存在对结构的整体强度和刚度没有影响，但在使用条件下，这类缺陷和损伤可能扩展，使结构的剩余强度达到不能接受的水平。

一般所讲的损伤是加工和使用过程中产生的问题，是制件后天的问题，损伤有分层、脱胶、表面划伤、钻错孔、孔边损伤、冲击损伤、雷击损伤、战伤、裂纹、燃烧/过热等。理论上损伤是可修理的。

复合材料常见的机械损伤及原因如表 4-4 所示。国外大量的使用经验表明，损伤中最主要的是冲击损伤，损伤源可为跑道、冰雹、鸟撞和不良的维护等。其中不良的维护是常见的损伤源，如工具掉落、粗暴拆卸、地面设备和行李的碰撞等。德国道尼尔直升机公司有个统计，Do.328 直升机上的复合材料结构由于不良的维护平均每月撞一次，而其他雷击、鸟撞等碰到的却很少。

表 4-4　复合材料常见的机械损伤及原因

损伤	典型原因
刀痕、划伤	操作错误
腐蚀坑	雨蚀、砂蚀
分层	冲击损伤
脱胶	冲击损伤、超载
原孔变形	超载、挤压破坏
由分层和加压破坏产生的下陷	冲击损伤、人脚踩踏、跑道上石头碰撞

　　复合材料结构的缺陷通常是在制造中产生的问题。缺陷有分层、脱胶、压陷、空隙、疏松、夹杂、富脂、贫脂、翘曲/畸变、铺层方向不对、角度超差、次序不对、厚度超差等，其来源于制造时遵守工艺不严，质保、质检措施不利等因素。复合材料典型制造缺陷及产生原因如表 4-5 和图 4-9 所示。缺陷有些是能修理的，有些是不能修理的。如分层、脱胶、空隙等均可修理，但铺层方向不对、次序有误以及板厚度超差等无法修理，严重时制件只能报废。

表 4-5　复合材料典型制造缺陷及产生原因

缺陷	典型原因
空隙	固化过程控制不好
分层	1. 混入了脱模剂； 2. 固化过程控制不好； 3. 成型或制孔时的缺陷形成分层
脱胶	1. 零件装配不协调； 2. 混入脱模剂； 3. 固化过程控制不好
表面损伤	1. 脱模方法不正确； 2. 操作错误
钻孔错误	钻孔模板有问题

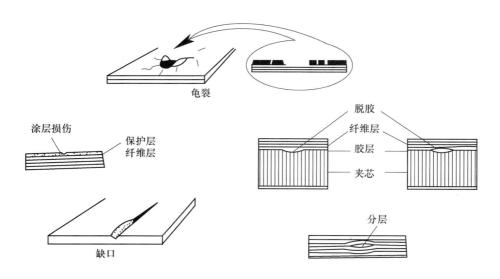

图 4-9　复合材料典型缺陷

综上所述，缺陷和损伤在实际生产和使用中都是不可避免的，因此修理是必要的。特别应该指出的是生产线上的制件一旦有超过质检标准的缺陷和损伤就报废制件，在经济上是很不合理的。特别是当制件较大、价格昂贵时，应进行适当的修理以满足生产和成本上的需要。在使用中造成的损伤则必须及时修理，以保证使用的安全和功能的恢复，恢复结构达到航空工业标准和结构完整性大纲的要求。

4.2.2　复合材料无损检测方法

无损检测方法有十几种，但能够有效用于复合材料损伤修理检测的方法主要有：目视检测、敲击检测、阻抗法、谐振法、超声波检测、X 射线检测、全息干涉法和红外热图法。

每一种检测方法的原理和特点都不同，检测对象和对损伤的检测能力也有区别。必须针对不同结构和可能产生的损伤的特点，选择正确合理的检测方法和仪器工具进行无损检测。必要时须选用多种无损检测方法进行综合检测和评定。

（1）目视检测

目视检测是损伤检测中最基本的方法，也是至今为止最为廉价可行的检测方法。对复合材料结构中的表面损伤，如烧焦、污染、穿透、刮擦、鼓包、压坑等，大部分具有明显表面特征的损伤都能有效检出，一旦检测到损伤，需要用手电筒、放大镜、反光镜和内窥镜仔细检查损伤区域，放大不易看到的缺陷，并使目视检查可以达到不容易接近的区域，其常用的工具设备如图 4-10 所示。目视检测是复合材料结构修理检测首选的最基本的检测方法，其特点是：

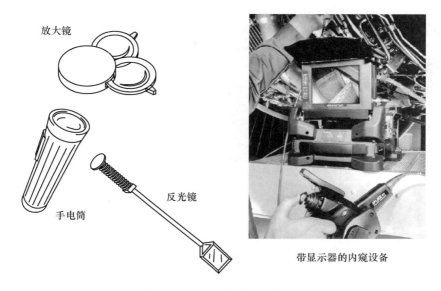

放大镜

手电筒

反光镜

带显示器的内窥设备

图 4-10 目视检测常用工具设备

①简便、快速；

②能有效发现具有表面特征的损伤；

③是损伤的初检方法，有利于早期发现损伤；

④只需要使用普通检测工具，如手电筒、安全灯、放大镜等；

⑤检测结果受检测人员的主观因素影响较大。

目视检测不能发现复合材料内部的缺陷，如分层、脱胶和基体开裂。需要更先进的无损检测技术来检测这些类型的缺陷。

（2）敲击检测

敲击检测是一种最为常见的用于检测分层和脱胶的技术，在有经验的人手中，这种检测方法准确度相当高。检验工具是硬币、木棒、尼龙棒或带有弹性手把的尼龙小锤，敲击端可以制成 5~10mm 的半球形触头（见图 4-11 和图 4-12）。检验时用这种简单工具轻轻叩击待测构件，然后通过被检测结构反馈的声音来判断是否存在损伤。清晰、锐利的回声表示结构黏结良好，而沉闷的回声则表示这块区域异常。为了使耳朵能够分辨回声的细微差异，敲击频率需要足够迅速以产生足够的声音。敲击检测特别适用于检测薄皮硬化胶层、面板较薄的蜂窝夹芯材料，甚至是厚层压板的表面附近。

敲击检测突出的特点是：

①简易可行、廉价；

②可检测出分层、脱胶等损伤；

③最适合夹层结构中脱胶初步检测。

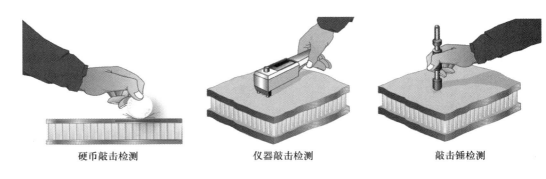

硬币敲击检测　　　　　　　仪器敲击检测　　　　　　　敲击锤检测

图 4-11　敲击检测

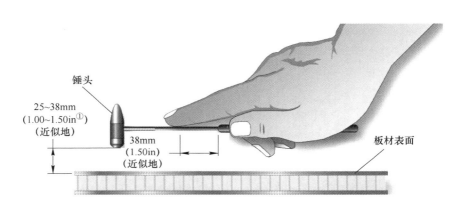

图 4-12　敲击锤检测

（3）敲击仪检测

这种方法和手工敲击检测非常相似，只是将检测工具由敲击锤变成了电磁铁。电磁铁会在检测区域产生多次冲击，在冲击器的前端有一个传感器，用来记录反馈力相对于时间的信号。反馈力的大小取决于冲击器本身、冲击能量的大小和待检结构的力学性能。因此，无损伤区域产生的信号被用来作为基准，然后与该信号相比，存在任何偏差的信号都表明产生偏差信号的区域存在损伤。

（4）超声波检测法

超声波检测是目前用于复合材料结构修理的一种最为重要和广泛的检测方法，采用的超声波频率一般在 1~10MHz 范围，常用频率为 5MHz。超声波检测法可检测复合材料结构中的分层、脱胶、气孔、裂缝、冲击损伤等大部分损伤。超声检测的主要特点是：

----

①1in（英寸）= 25.4mm（毫米）。

①技术成熟、仪器设备精度高；

②费用不高；

③应用广泛；

④有很强很好的检测能力；

⑤检测灵敏度高，而且相对稳定；

⑥定性定量准确；

⑦检测方便、易实施；

⑧需要耦合剂。

超声波检测技术种类繁多，但是，每种技术使用的声波频率均在可听频率之上。将高频（通常为几兆赫兹）声波源靠近待检零件，使声波垂直穿过零件的表面，或沿着零件的表面，以预定的角度穿过零件的表面（见图 4-13）。超声波具有类似于光波的性质，当超声波撞到一个断裂的物体时，波会被该物体吸收或者反射回来。返回的声能被扰乱或减弱，然后由接收器接收并通过示波器或图表记录器显示出来。检测仪器显示的结果，使操作员可以比较检测区域与正常区域反馈信号的差异。为了便于比较，建立了用于超声波设备的校准参考标准。为了使检测的效果更好，维修技术人员必须熟悉校准参考标准。但是由于直升机上安装了大量不同的复合材料部件，而且它们的结构相对复杂，所以可能很难在维修环境中使用这种方法。参考标准同样必须考虑长期暴露于使用环境或已经修复过或有过类似修复的构件在检测过程中所得的数据。

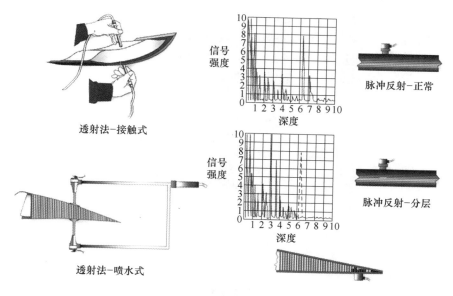

信号强度

深度

脉冲反射-正常

信号强度

深度

脉冲反射-分层

透射法-接触式

透射法-喷水式

图 4-13　超声波检测

根据超声发射和接收方式不同，超声检测可分为反射法和穿透法；按超声耦合方式又可分为接触法、液浸法和喷水法（见表 4-6）。

表 4-6　超声检测方法

方法	接触法	液浸法	喷水法
反射法			
穿透法			

超声波穿透检测需要使用两个传感器，分别置于待检区域的两侧。超声波信号从一个传感器传到另一个传感器，然后测量超声波信号强度的损失。若仪表显示损失的信号强度约为原始信号强度的百分之一，将该信号损失强度作为参考标准，如果检测到某区域信号损失强度大于参考标准，那么表明该区域存在损伤。

复合材料结构中最常用的是超声纵波反射法检测（见图 4-14），采用单个聚焦传感器发射/接收超声脉冲波，通过传感器向被测结构发射超声脉冲波，如果存在损伤，则声波会在损伤处产生反射，通过专门设计的电子线路，即可清晰地显示出损伤的信号，通过这种信号显示与变化，就能准确检测出损伤的大小、位置，甚至损伤的性质、类型等。

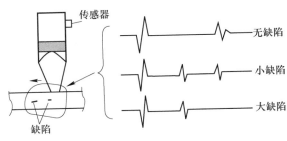

图 4-14　超声反射法检测

超声反射法是复合材料结构修理中最为重要和普遍的检测方法。超声反射检测如图 4-15 所示。

相控阵检测是检测复合材料结构缺陷的最新超声检测手段之一。它的工作原理与脉冲反射检测的工作原理相同，但它同时使用了 64 个传感器，从而加快了检测进程。相控阵检测仪如图 4-16 所示。

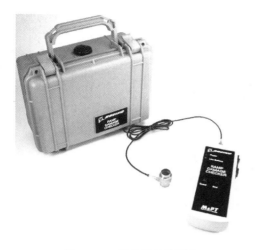

图 4-15　超声反射检测仪

图 4-16　相控阵检测仪

4.3　复合材料修理常用工具、设备、耗材

　　根据修理性质的不同，复合材料结构修理所需要的修理工具与设备会有所差别，从事外场修理所需要的工具和设备比较简单，主要有修理工具包、修补仪设备等。修理工具主要用于损伤部位的切除、修理，胶结面的打磨加工，以及蜂窝芯材和预固化复合材料补片的切割加工、定位等，修补仪用于对修补部位进行局部加热、加温、加压进行固化等。

4.3.1　修理常用工具

（1）切割工具

复合材料修理中用到的预浸料和干织物等材料，可以通过手工切割工具进行切割。这些工具包括剪刀、圆盘切割轮、切割刀等，如图 4-17 所示。

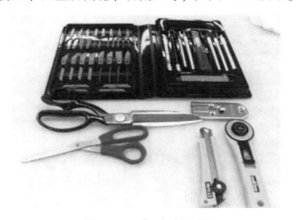

图 4-17　手工切割工具

对于复合材料结构损伤的切割加工（包括切边、损伤区域的切除等），可以用多种切割工具来完成。这些工具包括金刚石砂轮片、气动铣刀（用气动铣刀进行蜂窝夹层铣削见图4-18）、带模板镂铣机（见图4-19），以及旋转磨头等。

图4-18　蜂窝夹层铣削

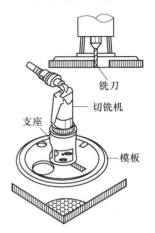

图4-19　带模板镂铣机

（2）打磨工具

在胶结修理过程中，打磨是必不可少的工序，常用的工具包括各种规格的砂纸、砂轮、旋转打磨机（见图4-20）等。

图4-20　旋转打磨机

（3）吸尘器

在修理操作时，应使用吸尘器吸走灰尘、纤维及其他碎屑，以避免吸入人体内。

（4）其他工具

包括钻孔工具、扩孔工具、修锉工具，如铲刀、锉刀等。

4.3.2　修理设备

修理设备主要有热压罐、烘箱、真空泵、修补仪等。

（1）烘箱

有各种尺寸的烘箱用来固化胶膜和修补材料，烘箱用电加热，用空气冷却，它应有温度显示。固化烘箱如图 4-21 所示。

（2）修补仪

修补仪（见图 4-22）是带有加热和加压控制的一种设备，通过对安装在修理区附近的热电偶反馈的温度信号的处理和分析，来控制树脂的固化过程。修补仪往往自带一个真空泵，用于维持和监测真空袋的真空度。这种便携式修补仪重量轻、携带方便，在复合材料修理中应用广泛。

图 4-21　固化烘箱

图 4-22　修补仪

（3）真空泵

它是一种加压设备，对修理部件通过抽空气的方法达到加压效果，保证修理质量。

（4）其他设备

对于不同的修理要求，会用到一些其他设备，如大型件修理时用到的模具、材料储藏使用的冷藏柜、质量检验的 NDT（无损检测）设备等。

复合材料修理常用工具和设备如表 4-7 所示。

表 4-7　复合材料修理常用工具和设备一览表

序号	名称	用途
1	修补仪	胶结修理时，用于干燥结构以及固化树脂、胶黏剂或胶膜
2	红外灯	干燥部件及固化
3	电吹风	干燥部件
4	钻孔机	钻孔用

表 4-7（续）

序号	名称	用途
5	钻头	钻孔用
6	注射器及针头	用于向损伤区注射树脂
7	带模板镂铣机	切割、加工、去除损伤材料
8	镂铣钻头	与镂铣机一起用于复合材料的切割、加工
9	热压罐	修理时用的热源、真空源
10	烘箱	干燥结构及固化修理材料
11	冷藏柜	材料储存
12	NDT 设备	检测复合材料
13	真空检测组件	真空检查
14	旋转打磨机	除去漆层及打磨
15	砂纸	打磨用
16	剪刀	剪切预浸料及胶膜
17	刀片	下料用
18	锉刀	用于复合材料加强片的整形等
19	真空插座	连接修理区与真空源
20	"C"形夹	施加机械载荷
21	弹簧夹	施加压力
22	铲刀	损伤层清理
23	腻子刀	用于配置胶黏剂、刮开胶黏剂等
24	不含蜡容器	混合树脂和固化剂
25	天平	称量树脂和固化剂
26	吸尘器	用于吸尘
27	面罩	保护呼吸系统
28	护目镜	保护眼睛
29	热电偶	测温用
30	压辊	铺叠、赶平
31	手套	配胶、铺叠等用

4.3.3　修理材料

对复合材料结构的修理，修理材料体系和工艺有密切关系。在修补设计中必须考虑满足修补要求的修理材料。复合材料修理的目的是恢复复合材料结构部件的物理和力学性能，使其能够在飞行环境中完成预定的功能。选用的修理材料一般应该与原结构材料类似或相近。修理材料主要有：树脂、胶膜、增强材料、蜂窝芯材、预浸料、发泡胶黏剂等。

（1）胶膜

胶膜（见图 4-23）是一种卷绕在卷筒上并装在防潮塑料袋内的片状胶黏剂。当要求大约在 120℃ 和 180℃ 固化温度的热胶结修补时，需要使用这种胶黏剂。

图 4-23　胶膜

胶膜在蒙皮与构架连接、层压板挖补修理、蜂窝夹层穿孔修理时均可应用，如图 4-24 所示。

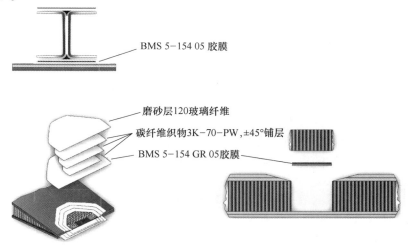

图 4-24　胶膜的使用

①胶膜储存

胶膜一般储存在温度 -25～-18℃ 的冰冻条件下。对于每一种胶膜，其材料规范都规定了相应的储存条件。从冰冻条件下取出的材料，必须在温度达到室温后才能开启防潮密封袋，以免在材料上形成冷凝水。材料不用时，应重新密封并放到冷库储存。胶膜在冷库内的存放时间和冷库外的存放时间都应认真做好记录。冷库内的储存时间和冷库外的存放时间只要有一项超过其材料规范规定的期限，材料都不能再使用。

②胶膜的裁剪

胶膜可用锋利的手工刀或剪刀裁切成所需要的形状和尺寸。裁好的胶膜在铺贴之前，应当两面都带原有的离型纸平放保存。

③胶膜的铺贴

铺贴胶膜时，应防止胶膜受弯折而损坏或起皱。铺贴时，先去掉一面的离型纸。然后将这一面小心地铺贴在准备好的修理区域内，并尽可能避免裹入空气。用手或小棍滚压，使胶膜紧贴修补面，直至胶膜与修补面贴牢后再去掉上面的离型纸。

（2）预浸料

预浸料是增强纤维以织物或单向带等形式均匀地浸渍上树脂后卷绕在卷筒上并密封在防潮塑料袋内的一种片状材料。当进行热胶结修补（如进行大约120℃和180℃固化温度的修补）时需用预浸料。

预浸料按纤维组成形式分为单向预浸料和织物预浸料两大类（见图4-25）。预浸料的品种和性能由树脂基体和纤维的类型确定，而预浸料的规格则由其宽度、树脂含量和单位面积纤维质量确定。

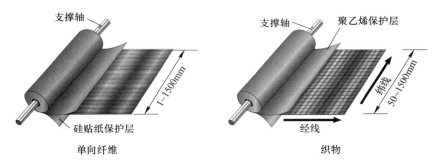

图4-25　单向和织物预浸材料

预浸料具有以下主要特点：

①预浸料的原材料、产品均经过严格的质控，产品性能稳定，质量可靠；

②树脂基体和纤维的比例可调，纤维和树脂的含量容易控制，能充分利用各向异性的特点进行铺层设计；

③易制成孔隙含量低的、高品质的复合材料；

④制造过程属工业化生产，改善了生产环境，有利于文明生产；

⑤运输和储存需要低温（-18℃或-12℃）条件；

⑥对树脂的选择有一定范围；

⑦价格较高。

预浸料通常储存在-25～-18℃温度的低温条件下，每一种预浸料的材料规范都规定了其对应的储存条件。预浸料从冷库中取出后，必须待其温度达到室温后方可打开防潮塑料袋，以免在材料上形成冷凝水。材料不用时，应重新密封并放回冷库（或冰箱）储存。预浸料在冷库内的存放时间和冷库外的存放时间都应认真做好记录。冷库内的储存时间和冷库外的存放时间只要有一项超过其材料规范规定的期限，材料都不能再使用。

预浸料裁剪前，应先用丙酮将裁剪样板、钢板尺、剪刀和手工刀等裁剪工具擦拭干净。然后，用锋利的剪刀或手工刀按照所要求的纤维方向将预浸料裁剪成一定的形状和尺寸。裁剪时，样板（或钢板尺）与预浸料之间应当用离型纸隔开，以免样板直接接触预浸料而产生黏结现象，不便操作。裁剪好的预浸料应当在双面带离型纸的情况下平放保存待用。

铺贴预浸料时，应当注意不要使纤维受到弯折、撕裂等损伤，也要注意防止纤维的排列方向产生偏差。铺贴时，应仔细对准零件图样所要求的纤维方向，并尽可能避免裹入空气。用压辊滚压使其与修理表面或前一层铺层完全贴合，然后将其表面的离型纸（或离型塑料薄膜）去掉再铺下一层，切不可将离型纸（或塑料薄膜）遗留在两层铺层之间。

用于航空航天的预浸料所使用的环氧树脂，一般均要在120℃或180℃的热压罐、固化炉或加热毯中加压实现固化。在修补作业中，压力通常是通过抽真空而施加的负压，有些情况下，也可以采用夹具等工具施加机械压力。

在加热之前，需要先抽真空检查真空袋的密封是否完好，如有漏气现象应立即排除。只有当真空度达到-0.08MPa以上时，才能进行加热固化。

在整个固化过程中，必须认真记录温度和真空压力。除非另有说明，固化结束后必须待温度降低至50℃以下时，方可卸掉真空压力。

（3）蜂窝芯材

蜂窝芯材（见图4-26）有金属蜂窝芯材和非金属蜂窝芯材两大类。金属蜂窝芯材主要是铝合金蜂窝芯材；非金属蜂窝芯材有玻璃布蜂窝芯材、纸蜂窝芯材和NOMEX蜂窝芯材等。

图4-26　蜂窝芯材

蜂窝芯材的孔格形状（见图4-27）以正六边形为主，也有经过过拉伸处理的蜂窝芯材，其孔格形状则呈长方形或菱形。在实际应用中，大部分是六边形蜂窝芯材，过拉伸蜂窝芯材主要应用于具有单曲面的夹层结构制件中。

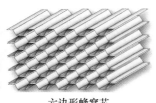

六边形蜂窝芯　　　　　　柔性蜂窝芯　　　　　　过拉伸蜂窝芯

图4-27　蜂窝芯材孔格形状示意图

NOMEX 蜂窝芯材由聚芳酰胺纸（芳纶纸）浸渍酚醛树脂经固化后制成。其孔格形状以正六边形为主，使用也最为普遍，也有一部分是孔格形状呈长方形的过拉伸蜂窝。NOMEX 蜂窝芯材具有密度小、成形性好和介电性能优异等特点。

目前用于直升机结构的 NOMEX 蜂窝芯材主要有直 9 型直升机等。

（4）干纤维增强材料

干纤维材料及其织物（见图 4-28），如碳纤维、玻璃纤维和芳纶纤维，经常被用于各种直升机的维修工艺中。在维修作业开始之前，将干织物用树脂浸渍，该工艺通常称为湿法铺层。采用湿法铺层工艺的主要优点是纤维和树脂可以在室温下长期储存。这种复合材料既可以在室温下固化，也可以通过高温固化来加快固化过程，提高产品强度。而缺点是该工艺流程复杂，并且其增强性能低于预浸材料。

织物有各种织纹结构，如平纹、斜纹和缎纹等。其中缎纹织物具有较好的铺覆性，用于各种形状复杂的结构部件；平纹织物的铺覆性最差。典型编织织物的类型如图 4-29 所示。

图 4-28　干纤维织物
玻璃纤维（左），芳纶纤维（中），碳纤维（右）

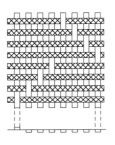

8束缎纹纺织的例子：
3K-135-8H型碳纤维

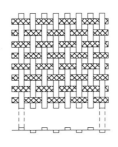

平纹编织的例子：
3K-70-P型碳纤维

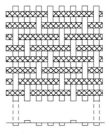

4束缎纹纺织的例子：
120型玻璃纤维

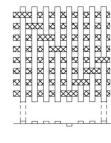

8束缎纹纺织的例子：
1581型玻璃纤维

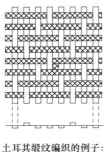

土耳其缎纹编织的例子：
285型芳纶纤维

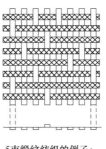

5束缎纹纺织的例子：
1K-50-5H型碳纤维

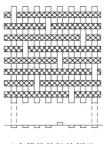

8束缎纹纺织的例子：
181型玻璃纤维

图 4-29　典型编织织物的类型

4.4　复合材料结构修理方法

4.4.1　复合材料结构修理要求

复合材料结构的修理是一项专门的技术，主要包括修理设计、材料体系、修理工艺（包括修理工具及设备）等几个方面。复合材料结构的修理在恢复结构承载能力和使用功能的情况下，也会对原结构有所变更，产生一些新的问题，如改变了原有的气动外形，结构会有新的增重，破坏了原有的功能防护层等。因此必须对复合材料的结构修理提出一些必要的要求，修理实践中要注意遵照执行。

对复合材料结构修理提出的要求是：

（1）满足结构强度、稳定性要求，即恢复结构的承载能力，压剪载荷下不失稳；

（2）满足结构刚度要求，包括挠度变形、气弹特性和载荷分布，以及传载路线等问题；

（3）满足耐久性要求，包括疲劳、腐蚀、环境影响等诸多方面问题；

（4）要恢复使用功能，包括燃油系统密封、雷击防护、隐身功能等诸多方面；

（5）修理增重要小，并注意操纵面、旋翼等部位新的质量平衡；

（6）气动外形变化要小，即保证原结构的光滑完整外形；

（7）修理所用的时间针对不同的情况要限制在一定的范围内，即时间要少；

（8）修理成本要低，使用的工具尽量少。

4.4.2　复合材料修理容限

所谓修理容限是指制件的缺陷或损伤要修与不要修、能修与不能修的两个定量的界限。一般来讲，复合材料结构的修理是一件耗时费力的事，弄不好还会适得其反，因此不能轻易言"修"。所以修与不修、能修与不能修的界限是十分重要的。

（1）确定修与不修的界限

首先要根据缺陷和损伤的类型，检测出其大小和范围，比照制定出的生产和使用中允许的缺陷和损伤标准，从而确定修与不修的界限，这里的关键是缺陷与损伤许用标准的确定。

（2）确定能修与不能修的界限

当缺陷和损伤的大小超过了一定的量值时，制件修理难以达到标准要求或经济上已不合算了，则只能报废制件。如波音公司规定缺陷或损伤的范围大于制件面积15%时报废不可修，F-18 规定蜂窝结构分层大于 50mm，开胶大于 75mm，层压板分层大于 75mm 时则报废不可修。

4.4.3　复合材料修理方法

复合材料结构的修理可用多种方法，一般可分为机械连接修理和胶结修理。

胶结修理的适用性更广。它的优点是不引入应力集中，可以使其强度比原零件材料更强。它的缺点是，用于维修的大多数材料需要特殊的储存环境、处理手段和固化流程。蜂窝夹芯零件的面板较薄，使用胶结修理是最为有效的方法；大型直升机上使用的较厚的实心层压板的高承载区，其厚度可以达到1in厚，对于这种类型的层压板，胶结修理就不再适用了。

机械连接修理主要是指螺接补强板修理法。螺接修理相比于胶结修理的优点是其装配过程快捷容易。由于复合材料层压板承载能力低，因此螺接修理不适用于对薄层压板的修理。螺接修理方法通常用于厚度大于3mm的复合材料蒙皮，以保证紧固件承载区可使载荷可靠地传递。但是这种方法禁止用于蜂窝夹芯结构的装配及修理，因为潜在的水分从紧固件孔的侵蚀会造成芯材的降解。螺接修理相比于同类型的胶结修理，使结构增重更多，这限制了它在重量敏感的飞行控制面上的使用。胶结修理与螺接修理对比如表4-8所示。

表4-8 胶结修理与螺接修理对比

胶结修理与螺接修理的对比应用	螺接修理	胶结修理
轻负载结构，层压板厚度小于0.1in	×	√
高负载结构，层压板厚在0.125~0.5in之间	√	√
高负荷结构，层压板厚度大于0.5in	√	×
高剥离应力	√	×
蜂窝结构	×	√
干燥的表面	√	√
潮湿或被污染的表面	√	×
是否可拆卸	√	×
恢复无缺口时的强度	×	√

4.4.3.1 层压板修理

（1）螺接补强板修理

螺接修理的优点是，只需要选择合适的修补材料和紧固件，其修理的方法类似于金属板的修复，不需要固化修补材料，以及在冷藏条件下储存修补材料和胶膜。修补材料可以由铝、钛、钢或预固化复合材料制成。大多数由复合材料制成的修补片是由碳纤维和环氧树脂或玻璃纤维与环氧树脂制成的。

碳纤维结构在使用补强板修理时要注意，如果使用铝补片，会出现电偶腐蚀，因此必须在碳纤维结构和铝补片之间放置一层玻璃纤维布。钛合金和预固化复合材料补片（见图4-30）是修理高负载零件的首选材料。预固化碳纤维/环氧树脂补片在固化后与基体材料具有相同的强度和刚度。

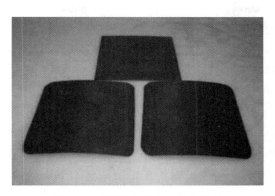

图 4-30　预固化复合材料修补片

螺接补强板修理法的修理流程如下。

步骤 1：检查损伤

使用敲击法或者超声检测等无损检测的方法检查构件，确定损伤区域位置、深度等。

步骤 2：去除损伤

损坏的区域需要被修整成圆形或具有光滑半径的矩形孔，防止出现应力的集中。

步骤 3：补片的制备

根据修理手册和实际修理情况，确定修补片的大小。在将修补片安装到损伤的结构之前，按照确定的大小裁剪出修补片。裁剪补片时，先钻完紧固件孔，并使补片略大于预定值，这样易于裁剪。在某些情况下，修补片是事先储备好，紧固件孔也是预先钻好的。如果要进行裁剪，应该选用适合修补材料的标准工艺。金属补片的周围需要用锉刀进行打磨，以防止切割边缘的周围出现裂纹。当在复合材料补片中钻孔时，最小孔距应等于 4 倍的紧固件直径；最小边距等于 3 倍的紧固件直径（见图4-31）。孔的大小和钻头的类型应该遵循修理手册的规定。

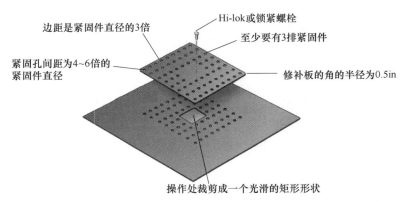

图 4-31　复合材料结构螺接修理

143

步骤4：紧固件孔的布置

确定补片与待修理结构的相对位置，画出跨越待修理结构和补片的两条垂直中心线作为定位线。然后，在补片上布置紧固件孔并钻出定位孔。利用定位线找出待修理结构上定位孔的位置并钻孔。使用定位销保持补片的位置，标记该补片的边缘，使它可以容易地装回原来的位置。

步骤5：紧固件孔的加工

为防止钻孔造成复合材料结构开裂，应当对其进行良好的固定和支撑。初始钻孔时，应留有加工余量，然后使用铰刀将孔铰成规定的大小。对于复合材料结构，不使用过盈紧固件。

步骤6：紧固件的安装

安装前，紧固件要用规定型号的密封胶进行浸渍，并按照规定的力矩进行拧紧。拧紧前一定要查询修理手册以确定拧紧力矩和紧固件型号。

步骤7：密封

密封胶在螺接修理中用于预防水/湿气侵蚀、电偶腐蚀、化学腐蚀和燃料泄漏。它还可以使修补件的轮廓平滑。需要注意的是，使用密封胶时，必须保持表面的清洁。使用遮蔽胶带圈定密封区域，胶带应与补片边缘平行，并且在补片边缘和遮蔽胶带之间留下一个小间隙，用于密封胶的填充。

步骤8：安装防雷网及恢复表面涂层

修理区需要打磨并涂上底漆。如果修补片是用于易遭受雷击的区域，还必须加装防雷网。

（2）注射树脂法修理

注射树脂法（见图4-32）修理复合材料，无须去除损伤区域的材料，而是直接将流动性、渗透性较好的低黏度树脂注入分层和脱胶区域，使之固化黏合。注射树脂时一般要有注射孔和通气孔，而且孔要通到损伤层。如果这些孔没有通到损伤层，树脂便不能注入到损伤层；如果孔太深了，则会在原来没有损伤的部位造成新的人为损伤。这些情况都达不到预期的修理效果。

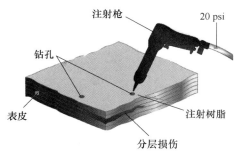

图4-32　注射树脂法修理

注射树脂前，将待修补区预先加热到约65℃。适当延长加热时间可以排除湿气。采用空气压力枪注射树脂，直到有树脂从邻近的孔中溢出。这样等到把所有的损伤注满，然后用保护带将所有注射孔和通气孔暂时密封。最后在修补面积上施加压力，以使修补区域与附近未修补部位形成整体，改进或保持结构外形。注射树脂在室温下凝胶，通常在约150℃温度下做后固化处理。

注射树脂的方法适用于分层脱胶或板、孔边缘损伤的修理。蜂窝夹层表板分层的损伤，也可以采用注射树脂法进行修补。注射树脂法修理的有效性取决于脱胶和分层的原因。如果脱胶和分层是由于胶结压力不足或胶结面上有包容物（杂物、尘粒等）夹入引起的，则这类缺陷采用注射树脂法修补困难，效果不好；如果脱胶和分层是由于机械损伤产生的，不存在包容物，则这类损伤采用注射树脂法修补是有效的。另外，对碳纤维复合材料制件而言，采用注射树脂法修理是十分困难的，对玻璃纤维制件稍好一些。

注射树脂法也可用于胶结连接的脱胶修补，只要求在损伤区没有腐蚀或包容物存在。但是，应该注意，一般胶结连接有较大的强度余量，而注射树脂后，对连接强度增加很少，效果不大，如果脱胶区已扩展到胶结区的边缘，则注射树脂后将边缘区加以密封，是有效的。这样可以防止造成新的损伤，如进入水分、形成腐蚀或冷热变化产生分层等。基于上述考虑，对连接区脱胶的修补最好选用密封剂或黏性好的树脂作为注射剂。在脱胶区没有扩展到连接边缘，并且脱胶面积又较小的情况下，一般不要修补。因为这类连接一般有较大的损伤容限，并且修补过程中会造成新的损伤，给湿气进入连接区形成新的通道，这样的修补反而不如不修补。

（3）贴补修理

贴补修理是指在损伤结构的外部，贴补外部补片以恢复结构的强度、刚度及使用性能的一种修理方法，其示意图如图 4-33 所示。一般来讲，该法比较简单，适用于外场修理，但多用于平面形制件，板层较薄、载荷不大、气动外形要求不高的结构。外部补片可以是预先固化好的复合材料层压板，也可以是钛、铝、不锈钢等合金制作的金属补片，或者是未固化的预浸料。

预先固化好的复合材料层压板或者金属补片的优点是补片制作容易，内部质量高（对复合材料补片而言），施工简单，但对曲率较大的结构难以实施。由于这类修补形式类似于单面胶结接头，为了减小剥离应力的集中，补片边缘楔形角度的设计至关重要，因为在胶结连接中，剥离应力和剪应力集中是造成连接破坏的主要原因。补片边缘须进行倒角处理，尺寸和形状由设计给出，预固化复合材料补片安装时，注意纤维方向与母板方向的一致性。

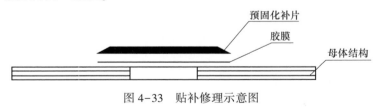

图 4-33　贴补修理示意图

其一般修理过程如下：

①用记号笔画出贴补区域外轮廓线和纤维铺放坐标轴线（在贴补区外面）；

②贴补区表面处理和损伤去除；

③准备下料样板、胶膜、预浸料（预固化补片、金属补片）、填充块（如果需要）；

④按设计要求铺放胶膜、预浸料（补片），并逐层进行压实；

⑤安放加热单元、封装真空袋系统，并建立固化程序；

⑥按固化程序进行固化；

⑦拆除加热单元和真空袋系统；

⑧修整修理区；

⑨修理质量检验应符合相关文件要求。

（4）挖补修理

挖补修理适用于修理损伤面积较大、情况较严重的损伤，由于这种方法一般采用预浸料作为修理材料，因此对于修理曲率较大或有气动外形要求的表面具有一定的优越性，而且能以最小的增重量、最大限度地恢复结构的强度。填补时可采用阶梯法和斜接法（见图4-34）。阶梯法和斜接法效果相当，但工艺不同，常用斜接法。

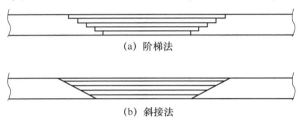

(a) 阶梯法

(b) 斜接法

图4-34 挖补法示意图

层压板挖补的修理通常以如下的步骤进行：

①检测并标记损伤区域。选择合适的无损检测（NDT）方法对损伤区域的范围和深度进行准确测量。画出损伤区域的切割轮廓线（通常此线为损伤的外接圆，某些情况下也可采用矩形或椭圆形），并以此线为基准，结合损伤的深度或损伤的层数，画出修理打磨区的轮廓线。搭接接头的长厚比，应符合相关文件的要求，一般由设计给出。在贴补区外面画出纤维铺放坐标轴线。

②清除损伤材料。使用手提式气动靠模铣，从损伤切割轮廓线开始，向修理区打磨轮廓线逐层铣切出具有一定宽度的同心阶梯，待所有台阶铣削出来后，再用砂纸打磨，得到光滑的斜面。为简化铣切过程，可间隔加工3~4个台阶，然后用打磨机打磨出层次均匀的光滑斜面。

③清洁修理区。斜坡加工好后，清除产生的灰尘和污染物。如果打磨好的斜坡区域处已经暴露于外部环境中很长一段时间，那么应该使用规定溶剂清理该区域，并去除污染物。

④准备预浸料补片和胶膜。第一层到最后一层补片，直径由小到大均匀递增，纤维方向和层数与被切除的部分相同，覆盖层直径一般比最大补片大24mm左右，胶膜的尺寸要比覆盖层略大。

⑤铺层。将准备好的胶膜和预浸料铺层，按规定的顺序、方向和层数，铺放在修理区，层与层之间必须贴实，不允许有气泡。最典型的铺层方法是先铺设最小的修理补片，然后从下至上按照由小至大的序列铺设；另一种方法是先铺设最大的修理补片，然后从下至上按照由大至小的序列铺设（见图4-35）。这种由大至小的铺设方式，其铺设的第一层增强织物修理补片要完全覆盖住修理区域，随后依次缩小修理补片，最后在原结构表层外额外铺设一层或两层覆盖住修理区并且其边缘搭接在层压板的修理补片上。

⑥放置真空袋和加热设备。如果修复零件很大且只需从工件的一面安装真空袋，则首选单面真空套袋技术。使用封严胶条将真空袋密封好，通过安装在真空袋上的真空端口可以对袋内进行抽真空操作。自封真空袋修理如图4-36所示。包裹式真空套袋、是将待修复零件完全装在真空袋内或用真空袋包裹在零件端口的周围以获得足够的密封效果。这种套袋方式经常用于可拆卸的直升机零件，如飞行操作面、舱门面板等。有些情况下，必须使用包裹式真空袋进行封装，比如几何形状过于复杂或维修位置无法使用单面真空套袋；零件太小所以无法使用单面真空套袋；当待修理区位于大零件的端口时，则必须使用真空袋包裹在零件端口的周围，并将其完全密封好。

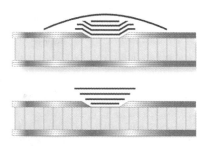

图4-35 两种不同的铺层方式

⑦在真空压力下，按规定的温度和时间固化。

⑧拆除加热设备和真空袋。

⑨修整修理区。

⑩检查修理质量，应符合相关文件的要求。

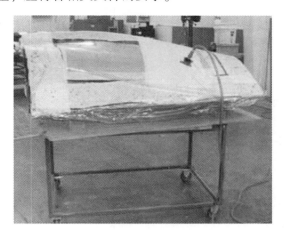

图4-36 自封真空袋修理

4.4.3.2 蜂窝夹芯结构的修理

蜂窝夹芯结构在直升机结构中多用于机身组合部件、雷达天线罩、起落架舱盖、地板、舱门、整流罩等。由于夹芯结构的表板较薄，夹芯强度较低，故在使用环境中容易产生冲击损伤。夹芯结构的损伤一般通过胶结来进行修复。

（1）填充和灌注修理法

表板产生压坑，在无损探伤后，确认结构内部没有严重开裂或分层，就可以采用这种修补方法，填充修理法见图4-37，灌注修理法见图4-38。

首先去除表板和夹芯，将损伤处切割成规则形状，如圆柱形或矩形柱面，然后将树脂混合剂或玻璃布/环氧预浸料作为填充物灌注到已修整过的损伤区。在连接孔中的损伤，如孔变形或摩擦损伤，可以用经过机械加工好的填充块修补。如果发生紧固件孔位置钻错，或者孔尺寸过大，则可以先灌注填充孔，然后重新钻孔。

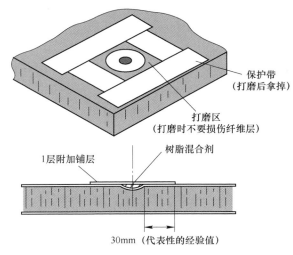

图 4-37　填充修理

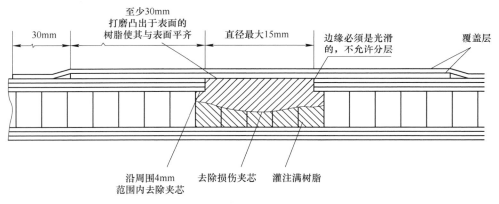

图 4-38　灌注修理

（2）受损芯材及单层或双层面板的更换

修理蜂窝夹芯结构使用的技术与修理常见的层压板材料使用的挖补修理技术一样，只不过增加了芯材镶补的过程。典型蜂窝夹芯结构的修理方法如图 4-39 所示。其修理过程如下：

①检查损伤。对于较薄的层压板，可以通过目视检测和敲击检测标出损伤的位置。对于较厚的层压板，则需要可以探测到更深区域的无损检测手段，如超声波检查。检查损伤区域附近是否有进水、油、燃料、污垢或其他杂质等情况，其中，水分可以通过 X 射线检测、湿度检测器等方法检测。

②去除损伤区域的水分。在修理之前，需要先清除芯材中的水分。如果不将芯材内的水分去除，这些水分就会在升温固化期间沸腾，并将面板从芯材上吹掉，造成更

严重的损伤。可以采用真空袋法去除损伤区域的水分，如图 4-40 所示。

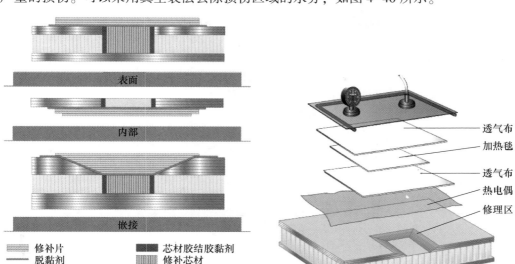

图例	
修补片	芯材胶结胶黏剂
脱黏剂	修补芯材
复合材料表皮	修补芯塞
芯材	

图 4-39　典型蜂窝夹芯结构的修理　　　　　图 4-40　真空袋法干燥零件

③去除损伤区域。修整损伤区域时，将接口端面磨成光滑的圆角，形状为圆形或椭圆形。修整过程中，注意不要损伤到未受损层、芯材和其他周围材料。如果是芯材受到损伤，那么先按照受损芯材的轮廓裁剪去除与其相接的面板，然后再去除受损的芯材，如图 4-41 所示。

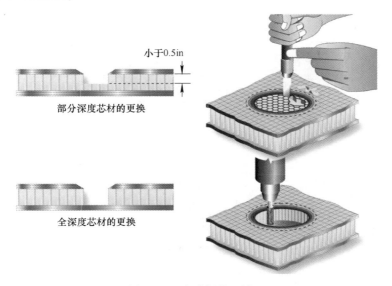

图 4-41　去除损伤区域

④损伤区域的打磨和清洁。使用柔性圆盘打磨机或旋转砂纸打磨机，将清理干净

的损伤区域的周围打磨成锥度一致的斜面，去除表面漆层。使用干燥的压缩空气和吸尘器去除所有尘屑，然后，用浸有规定溶剂的清洁布清洁打磨的表面。

⑤安装蜂窝芯材。使用刀具按照所需规格切出一块更换芯塞，所选芯材必须与原始芯材是同一类别、型号和等级的。芯塞孔格的方向应与周围蜂窝孔格的方向一致。芯塞必须裁剪成规定的长度，并且用规定的溶剂进行清洁。芯材的更换见图4-42。

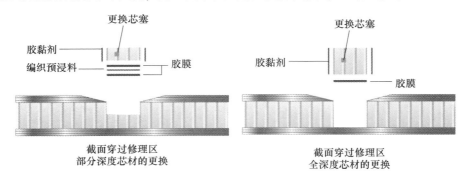

图4-42　芯材的更换

使用湿铺层修理时，将两层用树脂浸渍好的织物层铺放在待修复孔内，并在孔内芯材的周围抹上胶黏剂，将芯塞放入孔内；使用预浸料修理时，需要裁剪一块与待修复孔相配的胶膜，并且在芯塞的侧面抹上胶黏剂，使芯塞与修复孔的侧面紧密接触。另外，还要保证芯塞孔格的方向应与原材料一致。对修理区真空套袋，并使用烘箱、热压罐或电热毯固化更换的芯材。湿铺层修理可以在从室温到60°C的温度范围内固化，而预浸料修理必须在120°C或180°C的温度条件下固化。通常，更换的芯材不会与修理补片同时固化，而是在单独的固化周期内固化。固化后，通常要对芯塞周围区域的表面进行打磨，以便得到光滑的修理表面，如图4-43所示。

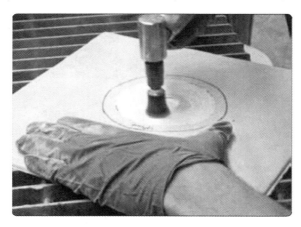

图4-43　修理区的锥面打磨

⑥准备并安装修理铺层。查阅维修手册以确定合适的修复材料和修理所需的层数，通常情况下，修理铺层的铺层数量要比原始铺层的数量多一层。按照规定尺寸和

铺层方向裁剪修理层，铺设时，注意使修理层与原始铺层的方向保持一致。对于湿铺层修理，用树脂浸渍修理层；对于预浸料修理，则去除预浸料上的衬底材料。修理层的铺设序列通常是先铺设锥面叠层序列中面积最小的修理层，然后再依次铺设面积较大的修理层。修理铺层的安装如图 4-44 所示。

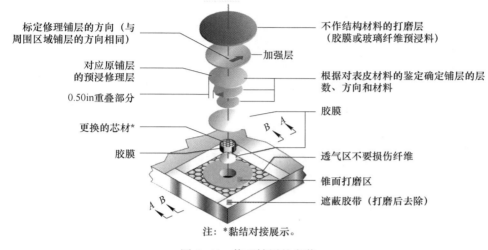

标定修理铺层的方向（与周围区域铺层的方向相同）
对应原铺层的预浸修理层
0.50in 重叠部分
更换的芯材*
胶膜

加强层

不作结构材料的打磨层（胶膜或玻璃纤维预浸料）
根据对表皮材料的鉴定确定铺层的层数、方向和材料
胶膜
透气区不要损伤纤维
锥面打磨区
遮蔽胶带（打磨后去除）

注：*黏结对接展示。

图 4-44　修理铺层的安装

⑦对修理区进行封装处理。当所有修理层铺设完毕，为下一步的固化做准备，使用真空袋技术去除修理区的空气并且对修理区加压，如图 4-45 所示。

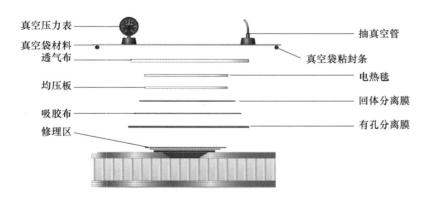

真空压力表
真空袋材料
透气布
均压板
吸胶布
修理区

抽真空管
真空袋粘封条
电热毯
回体分离膜
有孔分离膜

图 4-45　真空袋封装

⑧对修理区进行固化处理。为保证修理区域达到预期的强度，必须按照要求的固化周期对修理区进行固化处理。湿铺层修理可以在室温条件下进行固化，升高材料的温度至 60°C，可以加速固化的进程。预浸料修理则需要在更高温度的条件下进行固化。直升机上可拆卸的零件可以将其放入烘胶室、烘箱和热压罐对其进行固化；而对

于不可拆卸的区域，则可以使用电热毯对其进行加热固化。

在固化和检查完毕后拆除真空袋。修理后的区域应没有凹坑、气泡、富胶和缺胶等情况。使用细砂纸轻轻打磨修理补片，在不损伤纤维的前提下，得到一个光滑的修理表面。最后，在修理区表面涂上面漆和其他规定的涂层，以完全恢复修理区域的原貌。

⑨修复后的检查。使用目视、敲击和超声波检测法检查修理区域。如果发现有缺陷，应清除原修理材料，重新修理。如果修复的是飞行操作面，则需要进行平衡校验，以确保修理质量达到结构修理手册的最低标准。修理质量不达标会导致飞行操作面的颤振，使飞行的安全性受到影响。

实习科目八：直9直升机尾梁破孔的修理

任务描述：直9直升机尾梁为蜂窝夹层结构，内外蒙皮均为铝合金材料，夹芯层为 Nomex 酚醛蜂窝，蒙皮出现破孔损伤，损伤部位约呈圆形，直径约为 60mm。请查阅直9直升机维护手册、标准工艺手册和修理手册，完善下表并按表进行操作。

×××学院	直升机结构修理课程实训任务工卡			卡号：JGXL-08	
工卡标题	直9直升机尾梁破孔的修理				
机型	直9		工作区域		
版本			学时		
参考资料	直9直升机维护手册、标准工艺手册、修理手册				
注意事项	1. 工作前认真阅读教材； 2. 注意人员之间的协调配合，合理分工； 3. 工作过程中保持秩序				
编写/修订		审核		批准	
日期		日期		日期	
工具/设备/耗材					
类别	名称	规格型号	单位	数量	工作者	检查者
工具	气钻					
	钻头					
	刮刀					
	注胶枪					

（续表）

类别	名称	规格型号	单位	数量	工作者	检查者
工具	垫板					
	扩孔工具					
	铆枪					
	顶铁					
设备	空气压缩机					
	尾梁吊挂					
	尾梁托架					
耗材	J81					
	丁酮					
	阿洛丁 1200					
	8 号填料					
	铝板 AG4-H24					
	铝板 LY12CZ					
	软铅笔					
	600 号砂纸					
	不起毛的软布					
	铆钉	Cherry max 3.2mm				
	底漆	H06-25、H06-26				
	面漆					
	蜂窝	Nomex 酚醛蜂窝				

（续表）

1. 工作任务		工作者	检查者
直9直升机尾梁破孔的修理			
2. 工作准备		工作者	检查者
按维护手册拆卸尾梁			
3. 工作内容		工作者	检查者
工作步骤	工作记录		
（1）如本表中修理施工示意图（a）所示，用铅笔在外蒙皮上画线，画出损坏区域，按直径 D 的范围切割损坏区域；确定尺寸 G			
（2）在损坏区域的中心钻出孔3；利用钻孔工具和导向中心孔3切割内外蒙皮至直径 D			
（3）用扩孔工具挖掉蜂窝至直径 D			
（4）从准备好的 Nomex 蜂窝上切割一个比直径 D 小4mm的直径为 d 的圆形蜂窝6，如修理施工示意图（b）所示			
（5）从厚0.2mm的 AG4-H24 材料上按直径 d 切割垫片7、两个8			
（6）从厚0.4mm的 LY12CZ 材料上按直径 d 切割垫片8			
（7）按直径 G 切割加强件9和10，其中9取自厚0.3mm的 AG4-H24，10取自厚0.6mm的 LY12CZ			
（8）如本表中修理施工示意图（c）所示，在加强件9和10上，以近似20mm的间距用铅笔画出排布铆钉的方式			
（9）在加强件9和10上钻2.4mm的孔，去毛刺；用定位销将9和10固定在破孔处；钻铆钉孔；取下9和10，去毛刺			

（续表）

工作步骤	工作记录		
（10）在孔周围 30mm 范围内用 600 号砂纸打磨蒙皮 1 和 2；用不起毛的软布浸丁酮清理打磨区域			
（11）用刮刀将 J81 胶刮到圆形蜂窝 6 的 a 和 c 表面和垫片 7 的 b 表面、垫片 8 的 d 表面；按修理施工示意图（d）安装；使用夹具在垫片 7 和 8 上施加 0.6~2bar① 的压力，在 20~25℃ 的室温下固化 7 天，或在 70℃ 温度下固化 2h			
（12）将 J81 胶刮到加强件 9 的 e 表面、蒙皮 2 的边缘 f，按中心位置将 9 粘到蒙皮 2 上；在带有垫片 7 和 8 的圆形蜂窝 6 的 g 表面上涂胶，并按中心位置安装到加强件 9 的 e 表面			
（13）使用注胶枪将 8 号填料注入 6 和尾梁的空腔，填料应与蒙皮 1 及垫片 8 平齐；在 20℃ 温度下固化 15h，或 60℃ 温度下固化 1h，固化 20~30min 时如果填料下沉，允许增添一些填料			
（14）将 J81 刮到蒙皮 1 的 i 面和垫片 8 的 j 面上，按中心位置将加强件 10 粘到 1 和 8 上；用浸丁酮的布擦掉溢出的胶黏剂			
（15）将 cherry max 铆钉浸在环氧底漆中，用铆枪和顶铁将 9 和 10 铆接到直升机上			
（16）将尾梁在托架上围绕其轴线旋转至修理位置垂直向下，将加强件 10 支承在一个垫板上，在加强件 9 的内表面上放一重物使加强件 9 保持 2bar 的压力，室温固化 7 天；固化 12h 后可以去掉压力			

注：①1bar（巴）= 100kPa（千帕）。

（续表）

工作步骤	工作记录		
（17）使用阿洛丁 1200 对加强件进行表面处理；涂 H06-25、H06-26 底漆，用于防护；在加强件 10 表面涂面漆；安装尾梁			
4. 结束工作		工作者	检查者
（1）清点工具； （2）恢复场地； （3）归还工具并做好登记			

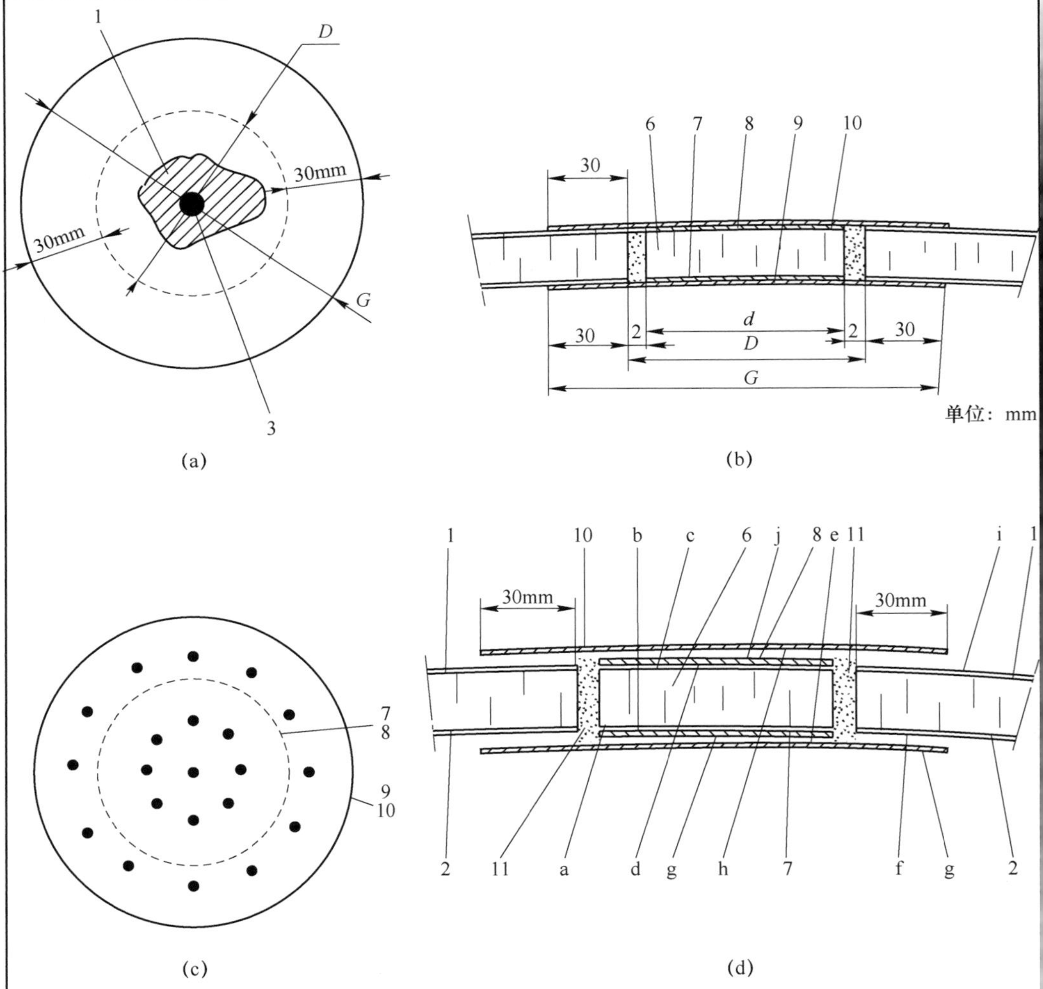

(a)

(b)

单位：mm

(c)

(d)

修理施工示意图

第5章 直升机密封结构修理

5.1 概述

直升机的密封结构主要是气密座舱和整体油箱。为了达到结构的密封性要求，需要合理选择密封剂、密封元件和密封形式，并进行密封检查。

密封用到的密封剂，主要是以高分子材料为基体配制而成的在各种机械配合中起到密封作用的材料，防止内部介质（气体或液体）泄漏和外部介质、雨水、风沙、灰尘等侵入。同时密封胶还有黏结、减振降噪、防腐防毒、防爆保温等功能。密封技术既是利用密封剂实现密封作用的一种工艺方法，也是隔开压力相同或不同空间，阻止液体、气体介质泄漏的技术手段，解决"三漏"（漏水、漏气、漏油），实现"三防"（防风、防尘、防水）的措施所在。

直升机上的密封结构包括气体密封结构和液体密封结构。结构油箱、紧固件、沟缝等属于液体密封结构，在各型直升机上的结构都有其严格的密封性要求。如果密封结构产生严重漏气或渗油现象，将危及飞行安全，因此，对于密封结构的损伤，必须进行密封修理。密封剂受到环境的影响或日久老化，会产生龟裂、开胶，甚至脱落，失去其密封性能。修理中必须采用除旧换新，恢复其密封性能，除保证修理强度、刚度等性能要求外，还要保证密封结构在使用条件下的密封性。

5.2 密封结构损伤修理

5.2.1 密封结构损伤

最常见的损伤有：驾驶舱顶部玻璃及挡风玻璃部位密封不好，有漏水现象；安装紧固件处不密封，从金属接合面或附件安装部位的紧固件处泄漏等。这主要是由于结构变形、振动、高温、溶剂与各种油类浸泡、环境等因素使密封材料老化、龟裂甚至剥离而导致密封失效造成的，一般来说，密封失效是局部的。

修理中常见损伤的原因如下：

（1）涂胶表面不干净，表面有污物，没有进行充分的清洁；如油脂、金属屑等都会影响密封胶与结构件的黏结，使密封胶黏结不牢。

（2）密封胶配制不当或硫化时间、温度和湿度不符合要求。密封胶的配制要按照各种成分的规定比例配制，因为所加入成分的比例不同对密封胶的强度、硫化时间、可塑性、工作寿命等有极大的影响。因此，配制不当会影响密封胶的功能，涂胶时，对施工环境的清洁度和硫化时间、温度、湿度均有严格要求。

（3）密封胶过期。在使用密封胶之前应先检查密封胶是否在有效期内，如果超过有效期，禁止使用。

（4）涂胶不当。胶液涂刷不均匀，胶膜内有气泡都可能会引起泄漏。

（5）紧固件松动，使密封胶产生裂纹；密封材料老化、龟裂或受其他形式损伤也会引起泄漏。

5.2.2　密封材料介绍

（1）密封材料的种类

直升机上所用的密封材料，一般分为需硫化的密封胶和不需硫化的密封腻子两大类。按使用状态分类，可分为膏状密封剂、胶膜状密封剂、腻子块密封剂、带有增强组织物基的腻子布及胶液态密封剂等。

①密封胶。多为可流淌膏状，用于刷涂或刮涂。对于双组分以上的密封胶，必须用搅拌机进行混炼。直升机结构常用的密封胶为 XM 系列，其中 XM-15 和 XM-22 多用于整体油箱的密封；XM-23、XM-28 主要用于座舱的密封；XM-40 可用于整体油箱堵缝密封；XM-22E 用于整体油箱的隔板密封。DB-XM-1 为新型包装的可自行混合注射的密封剂，用于整体油箱渗漏的快速修理。

②密封胶膜。多为半固体薄片状，可按需要裁剪成一定形状夹在结构之间，主要用于缝内密封。

③不干性密封胶。如 XM-34 已用于整体油箱沟槽的注射密封，它能在直升机结构使用寿命内，处于不干并且具有黏性状态。它在高压力推动下可以沿沟槽运动，到达需要密封的部位。

④密封腻子。一种半固体状态的密封剂，用于敷设在结构对缝间隙内或填堵间隙较大而需要密封的地方。

⑤密封腻子布。是一种将组织物浸透密封胶后的片状密封材料。

（2）密封剂的技术要求

密封材料的技术要求主要有以下几点：一是对金属或非金属要有很好的黏合力，即在结构受力和密封材料变形的情况下也不脱开，能保持可靠的密封；二是具有耐老化性，要求和直升机有同样的寿命；三是具有耐侵蚀性，即在汽油、煤油中以及常温、高温情况下，密封剂不变软、不发黏，仍能保持良好的密封性能；四是密封剂要有良好的工艺性能。

密封剂的工艺性能主要包括下列几个方面：

①流动性：指密封剂自动流淌、填充的能力。

②堆砌性：指密封剂施工后的定形（维持形状）能力。密封剂在缝外填角、铆钉头堆砌时，要有良好的堆砌性能，在垂直面或斜面上涂胶时，不会流淌。

③可刮涂性：指密封剂用刮板刮涂的性能。

④可注射性：指用注胶枪在一定压力下的注射性能。

⑤可喷涂性：指密封剂经溶剂稀释后可喷涂的性能。

⑥活性期：又称涂覆极限。指密封剂的黏度适于刮涂、注射的这段时间。活性期是硫化密封剂涂覆的最长时间，超过此极限，密封剂就会失去流动性。

⑦硫化期：指密封剂硫化达到正硫化点的这段时间。

⑧储存期：指在规定环境条件下，密封剂各组分所能存放的期限。密封剂应有较长的储存期，至少半年以上。

⑨施工期：又称装配期限。指密封剂注射、刮涂后，仍具有装配、铆接、螺接所必需的可塑性的这段时间。施工期一般为活性期的 2~4 倍。

5.2.3　环境及温度、湿度对密封剂性能的影响

（1）环境的影响

密封剂的混炼与施工应在清洁的环境中进行，工人应穿专用工作服，否则影响密封剂与密封材料表面的黏附性能。要求环境中无灰尘、无油污，所使用的压缩空气应经去油、去水处理。

（2）温度的影响

合适的混炼温度为 18~28℃，施工温度一般在 15~30℃为宜。温度过低，密封剂活性期延长，影响其黏合力；温度过高，密封剂活性期变短，影响施工。经冷冻存放的密封剂，其活性期及施工期都要缩短。

（3）湿度的影响

合适的混炼与施工湿度为 40%~80%。当空气相对湿度低于 40%时应认为是干燥，可以延长密封剂的活性期和常温硫化时间；当相对湿度高于 80%时应认为是潮湿，可缩短活性期并影响密封剂的力学性能。

5.2.4　密封剂的配制

（1）密封剂配制的一般要求

双组分、多组分的密封剂应按制造厂家规定的比例进行配制，不得随意改变配制比例，以免影响活性期；密封剂组分中，如有不易均匀分散的组分时，应用机器混炼；密封剂活性期小于 1h，不宜多配制；配制硅酮类密封剂的设备不能用来配制非硅酮类的密封剂，因为残留的硅酮类密封剂不易用清洁剂除去，从而影响非硅酮类密封剂黏结性能，配制工具用完后要及时用溶剂清洁干净。

（2）配制方法

密封剂的配制方法主要分为手工混炼和机器混炼两种方法。修理时密封剂一般用量较少，通常采用手工混炼方法。配制时，一定要遵守配制密封剂的一般要求。手工混炼时，密封剂的各组分必须要混合均匀，搅拌时间不应少于 5min，调配至无不同颜色的条纹为止，目视检查应光滑、无杂质、无气泡，有些密封剂要将少量胶料刮在玻璃板上，目视无颗粒为合格。

用于刷涂、喷涂的密封剂的配制，按比例配制所需的稀释剂，基胶和稀释剂的重量比例为 100∶（70~90），如配制 XM-28 密封剂的稀释剂的重量比例为丁酮∶环己酮∶乙酸乙酯∶二甲苯＝2∶3∶3∶2。配制后的黏度为 100s（涂-4 黏度计，25℃）时可喷涂，可刷涂的黏度为 30~50s（涂-4 黏度计，25℃）。

5.2.5　密封结构损伤的修理

（1）除去旧胶层

用铲刀铲除失去密封性能的旧胶层，不能损伤结构件的表面，铲除的面积要大于损坏面积，如是表面密封，可用脱漆剂进行脱除，但脱漆剂严禁在复合构件上使用，以免脱漆剂渗进复合材料里面，对其有所破坏，脱漆剂渗进到沟缝内，不便于清洁干净，从而影响密封剂的硫化及密封效果。如有底漆喷涂，底漆应与密封剂相容，与密封剂不相容的底漆必须从涂密封剂的部位清除，如阳极氧化处理的铝合金必须尽快涂密封剂，除非喷涂底漆，否则应用聚乙烯袋密封保护表面免遭污染，如米-17 直升机外挂油箱隔板处的密封。

（2）密封表面的清洗

常用的清洗溶剂有丙酮、乙酸乙酯、汽油等。在危险区可使用不燃性清洗剂，如三氯乙烷。铺设密封腻子且涂有 H06-2 或 XY-401 胶的表面，只允许用汽油擦拭。密封区的旧胶、灰尘、金属屑等杂物，应用吸尘器或用毛刷进行清除，不允许用压缩空气吹，以免污物飞扬，造成更大面积的污染。用蘸有溶剂的清洁布对密封区进行清洗，直到清洁布上无污垢为止。

在进行表面清洗的过程中，应该注意以下几个方面：

①不允许将清洁布浸入溶液中，更不允许在结构表面喷洒清洗溶剂，以免引起污染扩散至更大面积甚至缝隙内；

②清洗表面应始终大于涂胶表面，在两侧各宽出 10mm 以上；

③不允许用手直接触摸已清洁干净的密封表面，应戴上清洁的医用手套；

④清洁合格后，应让溶剂挥发不少于 20min 后方可施工，若时间过长，应采取保护措施，停放时间超过 1h 后，应重新进行清洁；

⑤对有机玻璃涂胶面只允许用汽油清洁。

（3）隔离密封区域

用纸胶带或牛皮纸隔离密封区域，若是表面喷涂，应包扎好非喷涂部位，如米-17 直升机主减速器地板的喷涂，应把观察窗玻璃及非喷涂部位包扎好。

（4）表面密封

按上述规定对密封表面进行准备、清洁、隔离、包扎密封区域；表面密封用 A 类、E 类密封剂，也可用 B 类密封剂加溶剂稀释，要注意的是，所使用的稀释剂应不造成已涂覆胶层龟裂、起皱、脱落。

按规定调配所需的密封剂，25℃ 时，喷涂黏度为 100s（涂-4 黏度计，25℃），刷涂黏度为 30~50s（涂-4 黏度计，25℃）。用 100 号滤网过滤已稀释好的密封剂，刷涂时应逐渐依次在表面上进行，不允许大面积拉开涂密封剂，一般应刷涂两遍，所用密封剂的颜色要有明显区别，以免漏涂，两次刷涂时间间隔一般为 4~6h，刷涂的密封剂应连续、平滑、无气泡，不允许密封剂流淌或存在局部积存，最终形成的密封层厚度一般为 0.3~0.6mm。使用喷枪喷涂 E 类密封剂，喷枪嘴应距结构表面 80~120mm，倾角 70°~80°，运行速度 1.2m/min，涂覆的密封剂应均匀、连续、无流挂现象。

（5）紧固件密封

紧固件密封是指直升机在总装配或在铆接修理过程中，螺栓、铆钉与机体或部件贴合面的密封。

在密封剂活性期后，穿过贴合面密封安装紧固件，并在施工期内使全部紧固件拧紧到位。如果紧固件穿过无密封剂的贴合面安装时，则按密封要求进行密封。安装时，密封剂应涂在紧固件上，安装后，贴合面周围有少量的密封剂溢出即可。也可安装后，在紧固件上刷涂 A 类密封剂，在紧固件周围涂 B 类缝外胶。施工时用注胶枪将密封剂沿螺母周围进行注胶，然后用整形工具修整，使密封胶的外形符合要求（一般厚度高出螺母、钉头 1.5mm，在紧固件支撑面周围宽出 2mm），密封剂应光滑、无缺陷。

（6）沟缝的密封

①填穴、嵌缝密封。大的孔洞、槽缝、间隙密封使用 D 类密封剂，用保护带挡住，以免挤出过多的密封剂，应在密封剂活性期后、不粘期前取掉保护带。深间隙应在涂密封剂前填充经密封剂浸透的小块干净的玻璃纤维布、海绵橡胶等，然后涂密封剂，如直 9 型机货舱地板的密封。

②缝外的密封。缝外密封区域按规定准备、清洁和包扎，对接缝的密封粘贴的胶带尺寸大于对接缝 2~3mm，选用 B 类密封剂用注胶枪或涂覆工具进行涂覆。在涂胶过程中，为了使夹带的空气量减至最少，应将枪嘴伸入缝隙中，保持枪嘴与前进方向大致垂直且与结构表面约成 45°，并始终保持挤出的密封剂略超前于枪嘴移动方向。缝外涂覆的密封剂应在活性期内用整形工具整形。整形时，工具应紧压在结构表面并沿缝隙匀速、平行地移动，使最终成形的缝外密封剂光滑、流线、尺寸正确。不允许用任何润滑的方法整形。为了防止密封剂粘在工具上，可用不污染的 1:6~1:5 的异丙醇水溶液将工具浸润。密封完成后，应在活性期内检查涂覆尺寸和形状，对缺陷、气泡或有异物夹杂的部位，及时补胶或排除，不允许出现缝外胶凹、凸变。密封剂经涂覆、整形并在活性期后不粘期前揭掉胶带纸，使密封剂形状尺寸符合要求。

（7）密封腻子的铺设

密封腻子的铺设一般要求其宽度应比透明件安装部位的宽度大 2~3mm，铺贴前必须去掉保护层，按规定层数和部位铺贴；不允许搭接，只允许在长度方向上无间隙地对接或斜接；应紧密贴合在透明件安装部位的表面上。

（8）密封剂的硫化

密封剂的硫化过程自混合配制后开始，除非工序衔接需要，一般应在温室条件下自然硫化，不需要采取加速硫化措施。如需加速硫化，必须在密封剂不黏期后进行，加温硫化温度一般不超过 50℃，处理时间为 24h。加速硫化方法有：

①升高环境温度；

②小部附件可以在烘箱中进行加温；

③用红外线加热工具进行加温。

应该注意，各种密封剂的硫化时间要严格按照其工艺说明书进行控制。

（9）密封剂的保护

在未达到不黏期的密封剂上方，不准进行钻孔、铰孔等操作；当难以避免上述操作时，应用聚乙烯薄膜盖住密封剂，该保护膜的拆除，只能在密封剂不黏期后进行。严禁滥用溶剂和清洁剂，不准在未硫化的密封剂上使用溶剂，在硫化的密封剂上涂覆含溶剂的涂料时，必须确认该溶剂对底层密封剂无损害，方可使用。不准踩踏和重压硫化密封剂，受空间限制，必须在涂覆密封剂的部位上操作时，应用海绵胶皮或棉垫覆盖，工作人员应穿软底鞋，来回踩踏区和停留区还应事先将金属屑、污物用吸尘器清理干净。

（10）密封质量检验

密封质量检验内容包含以下几个方面：

①检验密封部位，是否有漏涂、缺胶、气孔、缺陷、异物夹杂现象，密封剂的外形尺寸是否符合规定。

②密封剂是否有流淌、脏污痕迹，非密封部位是否粘有密封剂。如有应及时清洁干净；如果黏合的是有机玻璃，则只可蘸汽油或磨研膏进行清洁。

③检验密封剂的黏结质量，是否有剥离现象，不准用指甲、金属片或其他硬物剥离密封剂。

④检验密封剂的密封性能，是否漏气、渗油等，可用肥皂水检漏、氨气检漏、卤素检漏等方法进行检查，如米-17 直升机的主减速器、发动机地板的密封性能采用淋雨法进行检查。

5.3 典型密封黏结修理工艺

5.3.1 密封件的更换

直升机机体部附件上的毛毡、海绵胶皮、橡胶皮等密封件，由于日久老化会逐渐失去减振密封作用，此时需要对其进行更换。

（1）工具设备

剪刀、胶木铲刀、单面刀片、毛刷、钢板尺。

（2）消耗航材

J-39 胶黏剂、丙酮、口罩、纸胶带、铅笔、抹布。

（3）修理实施

①下料：取与原件相同的材料，依照原件的大小、形状、尺寸，剪出与原件相同

的黏结件；

②去除旧的密封件：用胶木铲刀除去黏结部位的旧胶层，用蘸有丙酮的抹布将部附件和黏结件擦干净，除去表面的油漆和灰尘；

③涂胶：用纸胶带隔离涂胶区，搅匀 J-39 胶黏剂并均匀地涂于部附件和黏结件的表面，胶层不能过厚，以 0.1~0.2mm 为宜，室温下晾 30~40min，当用手触摸不粘手时，涂第二遍胶；

④加压固化：除去纸胶带，并用手压或捏黏结部位，增加黏结强度，必要时可用砝码等重物进行加压；室温下，固化时间为 48h，当室温低于 18℃ 时，固化时间为 72h。

5.3.2　密封胶层的更换

米系列直升机机身与外挂油箱隔板及主减速器、发动机地板均涂有一层密封胶。这层密封胶起保护、密封、防振、防漏等作用，时间长了会出现胶层老化、龟裂、脱落等现象，起不到应有的作用，此时应重新除去旧胶层，涂上新胶层。

（1）工具准备

胶木铲刀、调胶棒、毛刷、吸尘器、刮刀、量杯、喷枪、电子秤。

（2）消耗材料

XM-28 密封剂、丙酮、丁酮、二甲苯、乙酸乙酯、环己酮、脱胶剂、抹布、纸胶带、医用手套、砂纸、防毒面具、牛皮纸。

（3）修理实施

表面处理：用脱胶剂除去旧胶层，用砂纸轻轻打磨，进行表面处理。

表面清洁：用吸尘器清洁干净密封区的灰尘、金属屑等，用丙酮清洁表面，每遍间隔 10min，至少三遍，清洁面应大于涂胶面。

机身与外挂油箱隔板要喷锌黄底漆，若金属层表面腐蚀应进行阳极氧化处理，处理后应在 24h 之后喷上，涂底漆干燥 48h 即可实施喷胶。

根据修理范围确定所需胶量；XM-28 密封剂按 128:8:3:（0.1~2）比例搅拌均匀配制胶液，搅拌时间不少于 5min；按环己酮:乙酸乙酯:二甲苯:丁酮=3:3:2:2，配制所需的稀释剂。按基胶与稀释剂重量比为 100:（70~90）混合，稀释基胶时，要搅拌均匀。用毛刷刷涂时，胶液黏度为 30~50s（涂-4 黏度计，25℃）；用喷枪喷涂时，胶液黏度为 100s（涂-4 黏度计，25℃）。密封胶的活性期为 2~3h，环境温度升高，施工期相应缩短，反之施工期延长。

刷涂法——刷涂宽度应比底层胶最少宽出 6mm，胶层应平滑、连续、无流挂现象。

喷涂法——用喷枪（压缩空气必须过滤，无油无水）均匀连续喷在需密封的表面上，喷枪距离表面 200~500mm 成 80°~100° 角，以 2m/min 速度移动为宜，胶层应连续、平滑、无气泡、无流挂现象，喷、刷涂至少两遍密封胶时，第一层涂后晾 4~6h，再涂第二层，胶层厚度应为 0.5~1.0mm。

硫化：施工后的密封胶硫化。

5.4 结构密封试验

直升机结构密封性试验在密封结构修理后进行，主要检查整体密封性能。直升机修理中常见的密封试验方法有淋雨试验、旋翼桨叶气密封试验、骨架气密封试验和燃油箱的密封试验等。

5.4.1 淋雨试验

淋雨试验主要是检查驾驶舱、座舱、结构缝等密封部位是否漏水，密封性能是否良好。试验时，用人工喷水的方法进行，将水喷在驾驶舱、座舱、结构缝等密封部位外，每个部位的连续喷水时间为 5~10min，目视检查每个部位是否有漏水现象。如有漏水现象，要对漏水部位进行重新密封，以保证每一个密封部位的密封性能良好。

5.4.2 旋翼桨叶气密封试验

旋翼桨叶气密封试验是通过其密封装置实现的。需要说明的是米系列直升机旋翼桨叶只允许用打气筒向大梁内腔充气，"黑鹰"直升机旋翼桨叶向大梁内腔充的是氮气。

5.4.3 骨架气密封试验

骨架气密封试验一般指桁架式机身结构，较为典型的是"云雀"-3 型直升机机身中部结构骨架，其上装有充气嘴和压力指示器，当骨架产生裂纹时，骨架内部充填的氮气就会泄漏，导致压力下降。检查方法：用涂中性肥皂水的方法检查各部位的密封情况。

5.4.4 燃油箱的密封试验

燃油箱按其结构可分为软油箱和硬油箱两类。直升机的燃油箱在总装配前要做密封检测，检测合格后才能参加总装配；损伤油箱修理后也要做密封试验。常用的密封试验方法有：充气密封试验法、充油充气密封试验法、充油密封试验法和振动试验法。修理中常用的是充油密封试验法。

（1）充气密封试验法

充气密封试验法是向油箱内充气加压，压力不小于油箱内的实际工作压力。用涂中性肥皂水的方法检查各部位的密封情况。如在规定时间内保持压力不降，为油箱气密封合格。

（2）充油充气密封试验

此试验在专用的试验台上进行，试验时先把油箱固定在试验台上，往油箱内装

80%～85%燃油后，再往油箱内充气，压力不小于工作压力。同时在油箱外表面所有结构之间的缝隙、焊缝处涂上试剂，将油箱在规定的各个位置上停放一定的时间，根据试剂是否变颜色，即可判别漏油部位。

（3）充油密封试验法（无压停放试验法）

这项试验是在油箱内充满油，放在试验台上，置于各种姿态停放，在规定的停放时间内，检查油箱各部分的渗漏情况。

（4）振动试验法

振动试验在专用试验台上进行。试验台由激振和加载两部分组成，可以保证油箱加到规定载荷，并保持一定振幅和频率振动。试验方法是：在油箱内充油、充气、加载后模拟油箱实际工作情况，检查油箱振动对结构密封的影响。

油箱进行密封试验后，如果油箱有渗漏现象，应予以排除，并重复各项有关试验。对于较大面积的泄漏故障，应先分解密封结构，然后再重新密封修理；当个别铆钉、螺栓存在渗漏时，若是气动表面，采用补贴法排除，如图 5-1 所示；若是非气动表面，采用加密封扣帽的方法予以排除，如图 5-2 所示。

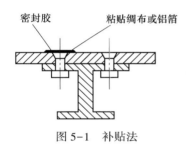

图 5-1　补贴法

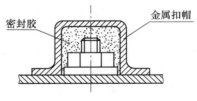

图 5-2　密封扣帽法

第6章 直升机有机玻璃修理

直升机的玻璃窗由驾驶舱玻璃窗和货舱玻璃窗组成，是直升机的重要部件之一。玻璃窗通常由骨架和有机玻璃两部分组成。直升机在飞行或日常维护中，有机玻璃窗可能会产生碰伤、划伤、银纹、裂纹和开胶等损伤，迫使一些未到使用寿命期的玻璃窗提前更换。

6.1 有机玻璃的性能特点

6.1.1 有机玻璃的主要优点

（1）具有特别优异的光学性能

由于直升机上的有机玻璃是无定型透明的均质塑料，且其表面便于磨平和抛光，所以板材和制品都具有非常好的光学性能。它的透光率为91%~93%，不仅优于其他透明材料，而且比硅酸盐玻璃高10%以上；它的影像变动较小，较少出现光学畸变；表面出现的光学缺陷或表面产生的影响光学性能的其他缺陷，一般可以用磨光和抛光等方法除掉。

（2）密度小、强度高

直升机有机玻璃质轻而坚韧，密度约为1.18kg/cm³，比水略重，不到硅酸盐玻璃的1/2、钢铁的1/6，这对减轻直升机重量非常有利。其脆性比硅酸盐玻璃小得多，可以用来制作结构件，且有一定的抗冲击和振动能力；有机玻璃的抗拉强度大于63.6MPa，压缩强度大于127.4MPa，静弯曲强度大于117.8MPa，基本上满足了直升机结构材料的要求。

（3）具有良好的耐气候性

老化试验和实际使用都证明，直升机有机玻璃的耐气候性比一般常用塑料优越。以YB-3为例，在广州经5年大气老化试验，透光率仅从91.5%下降到89%，常温抗拉强度从77.6MPa下降到70.8MPa，拉伸弹性模量从3005MPa变为3009MPa。总之，在塑料之中除了氟塑料以外，很少有其他塑料具有如此良好的耐大气老化性能。

（4）具有优良的热塑性和加工性能

有机玻璃加热到一定温度后，逐渐软化变成高弹态，依赖于模胎或夹具，可以获得各种复杂的几何形状，冷却后即可定型。同时原板和成形后的毛胚，可用各种机械加工方法，如车、铣、刨、磨、抛光、钻孔、铰孔和锯割等方法进行加工。

166

6.1.2　有机玻璃的主要缺点

（1）表面硬度不高，容易引起划伤和擦伤

直升机有机玻璃的表面硬度一般在布氏硬度值 170~250MPa 之间，比硅酸盐玻璃低得多，接近软铝，因此容易引起划伤和擦伤等。特别是带有棱角的固体颗粒或物体，与直升机有机玻璃表面接触时，极容易造成伤痕。

（2）对缺口和应力集中相当敏感，抗裂纹扩展能力不够高

浇铸有机玻璃在室温及低温下仍属于脆性材料，因此对缺口和应力集中仍然是敏感的，耐疲劳性能不好，抗裂纹扩展能力不高。板材和制件表面的任何机械损伤或工作损伤都会降低其强度，如深度为 0.1mm 的划伤会使冲击强度下降 60% 以上。材料中，特别是边缘部分一旦生成裂纹，往往只要施加小的额外能量就会导致破坏，即发生低应力脆断。零件中存在着稍大的内应力或装配应力，就会诱发银纹，甚至裂纹。

（3）容易引起银纹

银纹是一种细微的裂纹，因其在光照下显示一种银白色，故称之为银纹。材料或零件表面受到较大的拉伸应力，或者受到溶剂、含溶剂物质的侵蚀会产生银纹。溶剂银纹是不规则的，纯应力银纹和应力-溶剂银纹垂直于拉伸应力方向排列。银纹不但降低有机玻璃的透光度，影响飞行员观察，而且会引起某种程度的强度降低，所以，银纹同裂纹一样，也是导致座舱透明件提前更换的重要原因之一。

（4）热膨胀系数大，导热性差，容易形成热应力

有机玻璃的热膨胀系数比金属材料大得多，如果有机玻璃零件安装在金属框架内而没有足够的热间隙，材料的膨胀或收缩受到限制，便会产生应力集中。直升机座舱内温度一般为 16~25℃，而玻璃外表面的温度在-60℃ 到 100℃ 以上范围内变化。这种温度变化，必然会产生很大的热应力，热应力、残余应力和正常的使用应力叠加，会大大加速座舱盖玻璃的破坏过程。

（5）材料性能受温度影响大

材料的拉伸强度、弯曲强度和弹性模量随温度升高而迅速降低，延伸率和韧性随温度升高而明显提高。如 YB-3 和 YB-4 在 100℃ 时的拉伸强度与 20℃ 时相比，分别下降 60% 和 70%。在 0℃ 以下，有机玻璃拉伸断裂通常表现为脆性破坏；在较高温度下，材料具有较好的韧性，破坏呈现从脆性到韧性的转变。

（6）大气和环境对其性能有影响

有机玻璃虽然在塑料中耐老化性能较好，但其毕竟是高分子材料，在大气中长期暴露时受到热、光、潮湿等因素的作用会发生明显老化，物理和力学等性能明显降低。老化的速率和程度随材料的组成和状态不同而有所差异，如含亲水基团的共聚有机玻璃吸水性强，吸水后抗银纹性、物理性能和力学性能等均会明显地劣化；在室内潮湿条件下存放一年，其热变形温度比初始时降低约 10℃。

6.2 座舱有机玻璃的损伤检查与修理

6.2.1 座舱有机玻璃划伤的检查与修理

有机玻璃表面上的划伤和擦伤可采用目视与直尺测量法进行检查。当划伤条数、长度和深度大于规定的要求时，应采用打磨和抛光的方法予以排除。打磨分粗磨和细磨，一般情况下由粗到细，粗磨用颗粒度号较低的砂布、砂纸打磨；细磨用颗粒度号较高的水砂纸或金相砂纸进行打磨，并酌量浸水。

排除有机玻璃的划伤、擦伤，需要根据其深度，采用正确有效的打磨方法，才能提高工效。打磨前，先用 30~40℃ 的中性肥皂水洗净有机玻璃表面，而后根据其损伤程度，采用不同的打磨方法进行修理，恢复有机玻璃的透光性能。打磨所用的压力不得过大，打磨范围应大于划伤范围，并在不同位置做圆周运动，以免打磨处局部过热，产生应力集中，引起银纹；或者局部磨耗过多，产生折光现象。如果用水砂纸打磨，最好把水砂纸固定在硬橡皮板上，手压橡皮板进行打磨，使压力均匀分布在打磨面上。

6.2.2 座舱有机玻璃裂纹的检查与修理

（1）裂纹产生的原因

座舱有机玻璃的裂纹一般是在材料某一部分存在拉伸应力的情况下产生的（除人为破坏损伤）。当局部拉伸应力小于材料的强度时，不会产生裂纹；当局部拉伸应力超过了材料的强度，就会出现裂纹。为此要明确座舱玻璃裂纹产生的原因，就必须了解座舱玻璃的受力情况。座舱有机玻璃在使用过程中可能承受以下四种应力：一是座舱内外静压差引起的应力；二是局部空气动力压差引起的应力；三是空中温差引起的应力；四是装配应力和残余内应力。其中前三者是座舱盖有机玻璃在空中使用时产生的主要应力，我们无法预测和进行有效排除，但最后一种应力往往是造成座舱玻璃裂纹的直接原因。所以在日常维护过程中对此进行细心分析是非常有必要的。如玻璃与骨架贴合不好，或者螺栓孔不正，装配时强行安装，都会造成装配应力。

（2）裂纹深度和长度对有机玻璃的影响

有机玻璃裂纹后的强度，不但与裂纹的深度有关，而且与裂纹的相对长度有着密切关系。所以只有同时考虑两个因素对有机玻璃的影响，对问题性质的判断才能更接近于实际。有试验表明：将有机玻璃放置于自然大气中，风吹、雨淋、日晒数年之久，并未造成裂纹，但是，抗银纹性下降较多。所以对使用较久的座舱有机玻璃，应特别做好维护工作。

（3）有机玻璃裂纹的检查与修理

裂纹深度对有机玻璃的强度有显著的影响，因此在确定使用技术条件时，对裂纹深度提出了不同的要求。由于有机玻璃折光的影响，当从外表直接用眼睛观察时，感觉到的深度与实际有很大差别。因此，在有条件的情况下，要对裂纹的深度进行测量。座舱有机玻璃一般不允许存在裂纹，当发现玻璃上有轻微裂纹时，要根据使用条件、玻璃牌号以及机型，认真分析，判断出裂纹产生的原因，进行有效正确地处理修复（按修理手册）；当裂纹较大时，要停飞，进行分析鉴定；危及飞行安全时，要及时更换。

6.2.3　座舱有机玻璃银纹的检查与修理

（1）银纹产生的原因

线性聚合物有机玻璃在一定的拉伸载荷作用下，经过一段时间，其表面（有时也在内部）就开始出现银纹。银纹的数目和平均尺寸都随时间而增长，不过银纹数目很快就达到某个极限值，而平均尺寸则一直是在增长的。这种银纹的特点是各个银纹的平面都与拉伸载荷的方向（即正应力方向）相垂直。由于这种银纹有严格的方向性，因此称为有序银纹。有机玻璃的银纹在没有外载荷作用的条件下也可能出现，比如含有 10%增塑剂的有机玻璃吸收溶剂（如丙酮、脱漆剂）后也会产生银纹。这种银纹没有一定方向，是杂乱排列的，称为无序银纹。只有玻璃存在内应力时，溶剂的吸收才会使玻璃产生银纹，因此无序银纹反映了玻璃中内应力的无序分布。

（2）银纹与裂纹的区别

银纹和破坏裂纹具有以下三点基本的差别：一是银纹在玻璃剖面上可以发展到较大的尺寸，并不立即引起玻璃的断裂，而缓慢发展的裂纹不可能达到这样大的尺寸；二是银纹在玻璃加温时，有痊愈现象，而一般破坏裂纹却不具有这种性质；三是在固定的拉伸载荷作用下，银纹一直是以恒速发展的，而裂纹在这种条件下的发展却是加速的。银纹的发展速度取决于有机玻璃的平均应力，裂纹的发展速度决定于裂纹尖端处的应力。所以，既不应当把有机玻璃的银纹和破坏裂纹混为一谈，也不应当把它们之间的差别看得过于绝对化。银纹的出现，虽然对有机玻璃的强度影响较小，但是银纹会使有机玻璃产生折光，降低透光率，影响飞行视线，所以在修理工作中必须对银纹给予重视。

（3）银纹的处理

分析有机玻璃产生银纹的原因，是为了更好地指导修理工作中如何防止银纹的产生。例如，更换座舱有机玻璃时，必须正确安装，每一个螺栓拧紧的程度要一致，以减小装配应力；直升机喷漆时，必须在有机玻璃上糊好保护纸，防止油漆中的有机溶剂浸腐有机玻璃；在直升机上工作时禁止工作灯、电烙铁等接近有机玻璃，以免局部过热而产生应力；用抛光膏打磨有机玻璃后，必须清洗干净。总之，在修理工作中要采取各种措施防止有机玻璃产生银纹。

6.2.4　座舱有机玻璃密封、开胶的修理

驾驶舱玻璃窗由有机玻璃与骨架直接连接而成，固定形式主要有硬式固定、软

式固定和混合式固定三种。不论丙烯酸酯胶还是密封胶，经过长期使用后都可能发生老化，胶的弹性降低，出现碎裂、脱落现象。如不及时修理，损伤处就容易沾上污物或进入雨水，加速胶的变质。严重时影响黏结强度和座舱的气密性，危及飞行安全，所以发现开胶后要及时处理。

修理座舱有机玻璃开胶时，需要根据脱胶的具体情况，确定其修理方法。当座舱有机玻璃黏合处有轻微的、局部的脱落，对其胶合强度影响不大时，可在脱胶的局部灌注胶液，使其重新黏合。当座舱有机玻璃的黏合处开胶的长度或深度较大时，可采用胶补加强带的方法进行修理，恢复其密封性能。

第7章 其他附属结构修理

直升机结构除机身外，还有一些其他附属结构，如整流罩、油箱、起落架等，这些附属结构大多不是主要承力构件，其承受的载荷一般比较小（起落架除外），但这些结构都有自身功能和结构完整性要求，一旦发生损伤，也会危及飞行安全。如整流罩的损伤，会影响直升机的气动性能；油箱的裂纹、破孔等损伤可能造成燃油的泄漏，进而引起起火、爆炸等严重事故。这些附属结构的损伤样式多种多样，应当根据损伤形式的不同，合理选择修理方法，这里仅以米系列直升机的修理手册为基础加以介绍，具体修理时应以待修机型的修理手册为准。

7.1 发动机整流罩的修理

发动机、主减速器、风扇、液压附件板和辅助动力装置的整流罩，其结构形式是为了便于在野外维护发动机、主减速器和位于直升机上部的其他附件，而不需要使用梯子，不拆下整流罩上的舱盖便可安装和拆卸发动机、主减速器和辅助动力装置。向侧面开启的整流罩舱盖上有专用的台面，维护人员可以在上面停留。为了防止双脚滑动，台面区域上的蒙皮用锥形头的铆钉进行了铆接。

整流罩包含下列主要部分：支架、发动机舱整流罩、风扇进风口、风扇舱外罩、整流罩1K号隔框、减速器舱整流罩和尾舱整流罩。

7.1.1 发动机整流罩的损伤处理方法

发动机整流罩常见的损伤形式及处理方法如表7-1所示。

表7-1 发动机整流罩的损伤处理方法

损伤形式	处理方法
1. 蒙皮上有锈蚀痕迹	受损部位用温水清洗，用6~8号研磨砂纸打磨。清理过的地方用浸有洗涤油的干净抹布擦净，并晾20~30min。处理过的地方涂上 AK-070 底漆（两层），在12~30℃温度下晾1~2h，随后涂上 ЭП-140 瓷漆，第一层在12~35℃的温度下晾2~3h，第二层晾12~18h

171

表 7-1（续）

损伤形式	处理方法
2. 铆钉松动	更换故障铆钉，要用直径比原来大 0.5mm 的新铆钉。在不能固定的情况下允许用螺纹空心铆钉。更换铆钉要从外部钻掉原铆钉头。安装新铆钉一定要用原孔，安装前先检查其状况（有无椭圆度、划痕、裂纹）。在发现故障时，要扩孔并安装大尺寸铆钉
3. 穿孔，裂纹（损坏面积 20cm² 以下）	在穿孔和裂纹位置安装补片。在这之前损坏的地方要涂漆。裂纹的末端要用直径 2mm 的钻头钻止裂孔，补片应完全盖住损坏的地方，厚度与原材料相同
4. 蒙皮凹陷深度大于 3mm，面积大于 20cm²	蒙皮凹陷深度大于 3mm 并且没有裂纹，则用木锤和垫铁将其处理平整
5. 划痕，油漆层脱落但没有伤到金属	用蘸有洗涤油的抹布除去受损油漆层的脏物。用 6~8 号研磨砂纸清理表面，使裸露区域与涂漆的表面平缓过渡，这时不允许破坏蒙皮材料的阳极层。清理过的区域首先用洗涤油清洁，然后用鹿皮或法兰绒布擦干清洗。打磨区域涂上 AK-070 底漆晒干，然后涂上相应颜色的 ЭП-140 瓷漆并晾干
6. 蒙皮凹凸不平	从内部安装 Д16ТПр112-5 垫片（垫片表层进行阳极氧化处理）。垫片长度应为 200mm，并用直径 3mm 的铆钉沿着受损蒙皮长方形对角线将其铆合在蒙皮上
7. 内部构件零件上有裂纹	打上补片进行修理
8. 舱盖悬挂接耳上有裂纹	螺栓孔下的悬挂接耳之间有裂纹时，要更换接耳；在其他位置裂纹长度为 3mm 以下，用直径 2mm 的钻头钻止裂孔；裂纹大于 3mm 时要更换接耳
9. 限制钢索上钢丝断裂	更换钢索
10. 整流罩上的锁扣损坏、变形，夹紧固定销卡滞	矫正变形的零件，损伤的零件予以修复或更换。在按压固定销时它应该在弹簧作用下返回原位
11. 锁扣联杆上有磨伤和划痕	用细纹锉修理（表面），然后用 6~8 号研磨砂纸打磨，之后用煤油清洗，涂上 ЦИАТИМ-201 润滑脂

7.1.2　整流罩蒙皮裂纹的修理

（1）蒙皮有大的破孔或裂缝时，更换整块蒙皮。

①钻掉框架上蒙皮固定铆钉。

②拧出螺钉，拆下安装座。

③剪取与所更换蒙皮厚度相同的新 Д16А-М 材料板，并将其安装到位，安装时

要准确保持整流罩的全部轮廓形状。

（2）按照框架上的孔，在蒙皮板上钻直径比旧孔大 0.5mm 的孔。用直径比旧的大 0.5mm 的铆钉，把蒙皮板铆接到框架上。在旧孔处装安装座。

（3）蒙皮损坏面积在 20cm² 以下时，允许在壁板上贴补片。为此，剪掉损坏部位（圆角半径不小于 10mm），剪下用 Д16A-M（阳极氧化表层）材料制成，厚度为 1.5mm，搭接部分为 12~15mm（按直径）的补片，并按整流罩轮廓形状进行安装。补片边缘做 1mm×45° 倒角。用 3560A-2.6-8 铆钉，把补片铆接在损坏部位。

（4）如果蒙皮上有凹陷（无裂缝和材料拉长现象），可用木锤和顶铁修复。

7.1.3　整流罩框架零件的修理

（1）当发现框架型材有裂缝和断裂时，应更换成新的型材。

①钻掉蒙皮上型材固定铆钉，取下旧的型材。

②备好新的型材并安装到损坏部位上（型材的型号和尺寸应与旧的完全一致）。

（2）按照蒙皮上的孔给新型材钻孔，孔的直径比旧孔大 0.5mm。用直径比旧孔大 0.5mm 的铆钉，将型材铆接到蒙皮上。

（3）锁扣、支架、护网损坏时，应换新的。

（4）发现隔框壁板或隔框缘条上有裂缝时：

①备好厚度为 1.2mm 的 Д16A-M 材料制成的型材。同时要确保型材盖过损坏部位 50mm。

②备好的型材进行淬火和阳极化处理。将型材拼装到隔框内边上。用 Φ2mm 钻头在隔框裂缝两端钻止裂孔。

③用 3560A-3-7 铆钉铆接。

7.2　发动机排气管的修理

排气管管口承受高温气流的作用，经常发生裂纹、烧伤、穿孔等形式的损伤，必须密切关注，一旦发现裂纹，应根据其尺寸进行相应的修理。

7.2.1　排气管损伤处理方法

排气管的常见损伤形式及处理方法如表 7-2 所示。

表 7-2　排气管的损伤形式及处理方法

损伤形式	处理方法
1. 排气短管穿孔、烧毁、严重变形	更换排气短管
2. 排气管喷口焊缝开裂	参照图样对裂纹端口进行钻孔焊接
3. 排气管喷口材料开裂不大于 100mm	对裂纹末端钻孔，按图进行焊接

7.2.2 排气管管口焊接修理工艺

（1）适用范围

①未延伸到管口端面的裂纹，当管口上的裂纹长度不超过50mm，裂纹少于3处，裂纹间间距不小于250mm时，采用本方法修理。

②延伸到管口端面的裂纹，管口裂纹最大长度应在排气管管长的50%以内，裂纹数量不超过5个，裂纹间的距离不小于100mm时，采用本方法修理。

注意：在同一处焊接次数不可超过2次。

（2）焊接工艺步骤

①用细研磨砂纸（粒度12号以下）研磨裂缝，直到露出零件两面宽为15~20mm平滑光亮的表面。

②焊接前，用蘸有丙酮的棉抹布直接除去缺陷部位和焊条上的油脂，然后用酒精擦拭。

③用$\phi1.5~2.0$mm的焊条，采用手工氩弧焊焊接裂缝，用氩气从两侧局部保护焊缝（钨电极直径为1.5~2mm）。

注意：

①在用非熔化电极进行局部保护手工焊接时，使用排气孔直径为15~20mm的喷嘴。焊接时，为达到气体防护的最好效果，喷嘴应是空心锥体型材，它转接到长度为l，直径与喷嘴直径相等的陶瓷喷嘴中（见图7-1）。在喷射器（见图7-2）出口应装有挡板，喷嘴出口切面应是平整的，内部边缘不应倒圆。

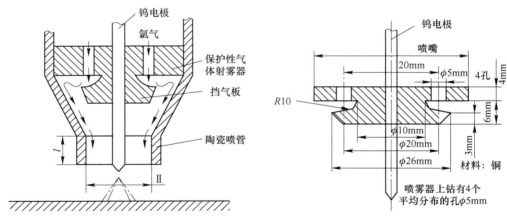

图7-1 有挡板的陶瓷排气喷管　　　图7-2 保护性气体喷射器和挡板

②连接处反面的防护使用局部防护装置（见图7-3），该装置必须跟随在焊枪后面使用。

③由2个气瓶分别向气焊枪喷嘴和防护装置供氩气。

④焊接时，移动焊枪，横向微摆焊条。焊条端头不应该离开防护区域。

⑤为防止焊缝出现氧化，焊接后，应继续向防护装置供氩气，焊枪暂不离开焊

缝，保持 3~5min。

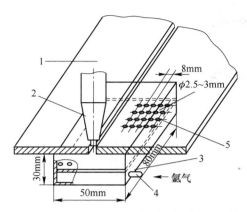

图 7-3　焊接时连接部位反面的防护装置

1—焊接零件；2—气焊枪喷管；3—氩弧手工气焊金属焊缝反面局部防护装置（焊接结构厚度是 1~1.5mm
的钢板）；4—供氩气导管（内径 6mm，l=40mm）；5—在整块钢板上钻 ϕ2.5~3mm 的孔，
纵向、横向钻孔的间距均为 8mm

⑥底焊处进行机械加工，保证平缓过渡到基体金属上，修复处应没有明显的
划痕。

7.3　纵向防火隔板裂纹的修理

纵向防火隔板由三块板组成，它将整流罩下的发动机舱和风扇舱分割成左、右
两部分，位于支架和 1K 隔框之间。防火隔板一旦出现裂纹应予以修理。修理方法
如下：

（1）用 ϕ1.5mm 钻头在裂纹两端钻孔。

（2）剪取 OT4-0-0.5（或 X18H9T）材料的加强补片，根据裂纹的位置确定补
片的尺寸和形状。锉光、打磨补片边缘。

（3）按照防火隔板现有的加强槽，在加强补片上作记号并碾压补片。

（4）备好补片，找好安装到防火隔板上的位置，涂上胶：

①用蘸有洗涤汽油的棉球除去补片和隔板表面的油脂，在空气中干燥
10~15min；

②再用蘸有丙酮的棉球进行表面去脂，在空气中干燥 5~10min；

③在安装补片的位置上均匀地涂一层胶；

④在防火隔板板片连接处将加强补片点焊焊接到防火隔板上；

⑤去除加强补片下方挤出的胶液。

注意：不管加强补片的数量多少，补片面积均不应超过隔板每一面面积
的 50%。

7.4 燃油箱的修理

7.4.1 油箱修理方法和适用范围

在发现油箱漏油时，可以用气焊或以与油箱相同的材料制成的补片用胶粘贴的方法进行日常小修，条件是故障特征没有超过下列值：

①焊缝上的纵向裂纹长度没有超过 30mm，且未超出焊缝的边缘；

②焊缝上的横向裂纹长度没有超过其边缘；

③从焊缝到主体金属（横向或纵向）的裂纹长度没超过 30mm；

④主体金属裂纹的长度不超过 30mm；

⑤点焊处的裂纹：从接管嘴和隔板起不小于 50mm，距离上破口尺寸不超过 100mm，破口之间的距离不小于 100mm。

附注：

①要进行修理的油箱，上面的故障不能超过 3 个。

②冲洗后，用 7 倍放大镜查看损坏部位。

③工作时，应遵守焊接工作的安全技术统一要求。

7.4.2 油箱焊接工艺步骤

（1）拆下油箱（参考机型的维护手册）。

（2）用脱漆溶剂擦掉损坏部位的油漆、底漆，用 6~8 号玻璃研磨砂纸打磨，并用汽油脱脂。

（3）用蒸汽或 50~60℃ 的热水多次冲洗油箱的方法清除油箱内残存的燃油和气体。冲洗油箱一直到完全除去煤油气味为止，然后让油箱敞开着直至彻底冷却。

警告：

①未冲洗（未通蒸汽）的油箱绝对禁止焊接，以免因油箱内存有残余燃油和燃油蒸气而引起爆炸。

②焊接应由高水平熟练焊工进行。

（4）使油箱干燥，并用压力不超过 20kPa（0.2kgf/cm²）的干燥空气吹油箱。在吹油箱时，所有的孔均应打开。

（5）给油箱加注中性气体（如二氧化碳），先要关上油箱上的孔，在焊接时将上面的孔打开。

（6）用加有焊剂的氧乙炔焊排除油箱上的伤痕，然后用 50~60℃ 的热水冲洗油箱内外，直到完全除去焊剂为止。

（7）油箱底焊后，进行油箱的密封性检查。先使油箱的凹部与按油箱轮廓制作的木框贴紧；然后关上其余的口盖；借助于专用转接器、压力表、减压器和气瓶，经油箱上接管嘴向油箱内充压力为 20kPa（0.2kgf/cm²）的空气，并保持至少 15min，同时压力不允许下降。用涂肥皂水的方法检查漏气部位。

（8）油箱密封试验后，用汽油对修复部位脱脂，应保持 15~20min，涂 AK-069 底漆，在温度为 18~35℃时，干燥 1~2h（温度为 12~17℃时，干燥 3h）。

（9）将油箱装回直升机（见维护手册）。

7.4.3　油箱黏结工艺

（1）拆下油箱（见维护手册）。

（2）用脱漆溶剂擦去损坏部位的油漆和底漆，用 6~8 号玻璃研磨砂纸进行打磨，并用汽油脱脂。

附注：对承力隔框处的油箱蒙皮裂纹进行修理，允许有不超过 2 个 100mm 长的顺着焊缝而不超出其边缘的裂纹。

（3）用直径为 1.0~1.2mm 的钻头在裂纹两端钻孔。

（4）将厚度为 0.5~0.6mm 的、与油箱相同的材料切成补片，该补片应保证盖过裂纹端部 25mm，将补片弯曲至能贴合油箱表面。

（5）对要进行黏合的表面用汽油脱脂，然后涂两遍丙酮，并保持 15min。

（6）给准备好的油箱表面和衬板均匀地涂胶。

（7）将补片放到油箱上，应保证紧密地贴合。

（8）在补片上放油封纸，然后放一层海绵橡皮。借助于装有砂土的袋子，产生 50~100kPa（0.5~1.0kgf/cm²）压力。在温度 20~25℃、空气湿度 40%~75% 的条件下，保持压力 30h。

（9）卸去负载，用检查桨叶的夹布胶木锤敲击，检查黏合的质量。

（10）用夹布胶木刀除去渗漏的胶水。

（11）进行油箱的密封性检查。先使油箱的凹部与按油箱轮廓制作的木框贴紧；然后关上其余的口盖；借助于专用转接器、压力表、减压器和气瓶，经油箱上接管嘴向油箱内充压力为 20kPa（0.2kgf/cm²）的空气，并保持至少 15min，期间压力不允许下降。用涂肥皂水的方法检查漏气部位。

（12）油箱密封试验后，用汽油对修复部位脱脂，应保持 15~20min，涂规定型号的底漆，在温度为 18~35℃时，干燥 1~2h（温度为 12~17℃时，干燥 3h）。

（13）将油箱装回直升机（见维护手册）。

7.4.4　用装堵盖的办法修理油箱破孔

（1）拆下油箱（见维护手册）。

（2）用溶剂擦掉损坏部位的油漆、底漆，用 6~8 号玻璃研磨砂纸打磨，并用汽油脱脂。

（3）用蒸汽或 50~60℃ 的热水多次冲洗油箱的方法清除油箱内残存的燃油和气体。冲洗油箱一直到完全除去煤油气味为止，然后让油箱敞开着直至彻底冷却。

警告：

①未冲洗（未通蒸汽）的油箱绝对禁止焊接，以免因油箱内存有残余燃油和燃油蒸气而引起爆炸。

②焊接应由高水平熟练焊工进行。

（4）使油箱干燥，并用压力不超过 20kPa（0.2kgf/cm^2）的干燥空气吹油箱。在吹油箱时，所有的孔均应打开。

（5）切挖损伤部位，做成一个圆的或椭圆的孔。油箱壁上的孔从外面卷边。

（6）用与油箱相同的材料（铝锰合金、防锈铝）做成一个与被损坏部位的材料厚度一样的带卷边的堵盖。堵盖的外形应与油箱上准备修理的孔的轮廓相符。堵盖与油箱上孔的间隙不应大于 1mm。

（7）把堵盖装在油箱的孔上。

（8）关上油箱上的口盖，给油箱加注中性气体（如二氧化碳）。

（9）将油箱上面的口盖打开，用焊料加焊剂沿轮廓焊住堵盖，然后用 50~60℃的热水从外部和内部冲洗油箱，至完全去除焊剂为止。

（10）进行油箱的密封性检查。先使油箱的凹部与按油箱轮廓制作的木框贴紧；然后关上其余的口盖；借助于专用转接器、压力表、减压器和气瓶，经油箱上接管嘴向油箱内充压力为 20kPa（0.2kgf/cm^2）的空气，并保持至少 15min，期间压力不允许下降。用涂肥皂水的方法检查漏气部位。

（11）油箱密封试验后，用汽油对修复部位脱脂，应保持 15~20min，涂规定型号的底漆，在温度为 18~35℃时，干燥 1~2h（温度为 12~17℃时，干燥 3h）。

（12）将油箱装回直升机（见维护手册）。

附录1 变形铝及铝合金数字代号

数字代号	铝及铝合金
1×××	铝的质量分数不小于99%
2×××	铝-铜合金
3×××	铝-锰合金
4×××	铝-硅合金
5×××	铝-镁合金
6×××	铝-镁和硅合金
7×××	铝-锌合金
8×××	铝-其他元素合金
9×××	备 用

附录2 变形铝及铝合金牌号对照表

新牌号	曾用牌号	新牌号	曾用牌号	新牌号	曾用牌号
1A99	LG5	2A21	214	5A66	LT66
1B99	—	2A23	—	5A70	—
1C99	—	2A24	—	5B70	—
1A97	LG4	2A25	225	5A71	—
1B97	—	2B25	—	5B71	—
1A95	—	2A39	—	5A90	—
1B95	—	2A40	—	6A01	6N01
1A93	LG3	2A49	149	6A02	LD2
1B93	—	2A50	LD5	6B02	LD2-1
1A90	LG2	2B50	LD6	6R05	—
1B90	—	2A70	LD7	6A10	—
1A85	LG1	2B70	LD7-1	6A51	651
1A80	—	2D70	—	6A60	—
1A80A	—	2A80	LD8	7A01	LB1
1A60	—	2A90	LD9	7A03	LC3
1A50	LB2	2A97	—	7A04	LC4
1R50	—	3A21	LF21	7B04	—
1R35	—	4A01	LT1	7C04	—
1A30	L4-1	4All	LD11	7D04	—
1B30	—	4A13	LT13	7A05	705

（续表）

新牌号	曾用牌号	新牌号	曾用牌号	新牌号	曾用牌号
2A01	LY1	4A17	LT17	7B05	7N01
2A02	LY2	4A91	491	7A09	LC9
2A04	LY4	5A01	2102、LF15	7A10	LC10
2A06	LY6	5A02	LF2	7A12	—
2B06	—	5B02	—	7A15	LC15、157
2A10	LY10	5A03	LF3	7A19	919、LC19
2A11	LY11	5A05	LF5	7A31	183−1
2B11	LY8	5B05	LF10	7A33	LB733
2A12	LY12	5A06	LF6	7B50	—
2B12	LY9	5B06	LF14	7A52	LC52、5210
2D12	—	5A12	LF12	7A55	—
2E12	—	5A13	LF13	7A68	—
2A13	LY13	5A25		7B68	—
2A14	LD10	5A30	2103、LF16	7D68	7A60
2A16	LY16	5A33	LF33	7A85	—
2B16	LY16−1	5A41	LT41	7A88	—
2A17	LY17	5A43	LF43	8A01	—
2A20	LY20	5A56	—	8A06	L6

附录3 变形铝及铝合金状态代号对照表

曾用代号	新代号	曾用代号	新代号
M	O	CYS	T_51、T_52 等
R	热处理不可强化合金：H112 或 F	CZY	T2
R	热处理可强化合金：T1 或 F	CSY	T9
Y	H×8	MCS	T62[①]
Y1	H×6	MCZ	T42[①]
Y2	H×4	CGS1	T73
Y4	H×2	CGS2	T76
T	H×9	CGS3	T74
CZ	T4	RCS	T5
CS	T6		

①原以 R 状态交货的，提供 CZ、CS 试样性能的产品，其状态可分别对应新代号 T42、T62。

参 考 文 献

[1] 《航空制造工程手册》总编委会. 航空制造工程手册 [M]. 北京：航空工业出版社，2010.

[2] 孟忠文，卿光辉，邢瑞山. 飞机机构修理 [M]. 北京：中国民航出版社，2017.

[3] 昂海松，曾建江，童明波. 现代航空工程 [M]. 北京：国防工业出版社，2012.

[4] 王海宇. 飞机装配工艺学 [M]. 西安：西北工业大学出版社，2012.

[5] 郭强. 中外金属材料手册 [M]. 北京：化学工业出版社，2015.

[6] 李维钺，李军. 中外有色金属及其合金牌号速查手册 [M]. 北京：机械工业出版社，2010.

[7] 汉锦丽. 飞机铆接工理论与实践 [M]. 西安：西北工业大学出版社，2014.

[8] 国防科学技术工业委员会. HB 6444—2002 铆钉通用规范 [S]. 中国航空综合技术研究所，2002.

[9] 国防科学技术工业委员会. HB/Z 223.3—2003 飞机装配工艺 第3部分普通铆接 [S]. 中国航空综合技术研究所，2003.

[10] 中国航空工业总公司. HB/Z 223.12—1997 飞机装配工艺 制孔 [S]. 西安飞机工业公司，1997.

[11] 国防科学技术工业委员会. HB/Z 223.15—2002 飞机装配工艺 实心铆钉铆接后的检查及验收 [S]. 中国航空综合技术研究所，2002.